U0579287

人工智能技术
与物联网应用

韩雪　杨兆飞　吴力挽◎著

山西出版传媒集团
三晋出版社

图书在版编目（CIP）数据

人工智能技术与物联网应用 / 韩雪，杨兆飞，吴力挽著． -- 太原 ：三晋出版社，2024．4
ISBN 978-7-5457-2939-9

Ⅰ．①人… Ⅱ．①韩… ②杨… ③吴… Ⅲ．①人工智能—研究②物联网—研究 Ⅳ．①TP18②TP393.4

中国国家版本馆CIP数据核字（2024）第072160号

人工智能技术与物联网应用

著　　者：韩　雪　杨兆飞　吴力挽
责任编辑：张　路

出 版 者：山西出版传媒集团·三晋出版社
地　　址：太原市建设南路21号
电　　话：0351-4956036（总编室）
　　　　　0351-4922203（印制部）
网　　址：http://www.sjcbs.cn

经 销 者：新华书店
承 印 者：三河市恒彩印务有限公司

开　　本：170mm×240mm　1/16开本
印　　张：10
字　　数：160千字
版　　次：2025年4月第1版
印　　次：2025年7月第1次印刷
书　　号：ISBN 978-7-5457-2939-9
定　　价：59.00元

如有印装质量问题，请与本社发行部联系　电话：0351-4922268

前　言

　　人工智能是研究、开发用于模拟、延伸和扩展人的智能的理论、方法、技术及应用系统的一门新学科,是引领未来的新兴战略性技术,是驱动新一轮科技革命和产业变革的重要力量。人工智能作为计算机科学的一个分支,已形成成熟的商品投入市场,广泛应用于工业、农业、医学、商业、教育等不同领域并取得了许多实际成效。随着研究的深入,人工智能正向各个领域渗透,带来这些领域的更新换代。人工智能的发展还有助于我们进一步理解人类智能的机制。所有这一切都将促进和加快社会经济的发展。

　　随着数据资源融通共享、算法模型逐步完善及计算能力不断提升,人工智能在各行各业的落地应用进程明显加快。人工智能产品已经进入了人们的日常生活,改变了人们的生活方式。半自动驾驶汽车、智慧交通系统、智能停车系统等可以有效提高人们的出行效率;医疗导诊机器人、康复医疗机器人成为病人恢复健康的有力助手;智能手机、可穿戴设备、智能家居等产品使人们的生活愈发丰富多彩。

　　而物联网是通过各种信息传感设备及系统(传感网、射频识别系统、红外感应器、激光扫描器等)、条码与二维码、全球定位系统,按约定的通信协议,将物与物、人与物连接起来,通过各种接入网、互联网进行信息交换,以实现智能化识别、定位、跟踪、监控和管理的一种信息网络。它是继计算机、移动通信和

1

互联网之后新一轮的信息技术革命,是信息产业领域未来竞争的制高点和产业升级的核心驱动力,是当前世界新一轮经济和科技发展的战略制高点之一。

物联网所涵盖的技术范围很广泛,随着相关技术发展逐渐成熟,物联网的应用领域逐渐扩宽,获得广泛的应用,从全社会层面提升人们的生产、生活水平。物联网的发展要求将新一代信息化技术充分运用在各行各业之中,具体地说,就是把诸如感应器、RFID标签等信息化设备嵌入和装备到电网、铁路、桥梁、隧道、公路、建筑、供水系统、大坝、油气管道、商品、货物等各种物理物体和基础设施中,甚至人体内,将它们普遍互联,并与互联网连接起来,形成"物联"。随着物联网产业的蓬勃发展,越来越多的物联网技术应用到人们的生活中,潜移默化地影响人们的生活方式和生产方式。

目 录

第一章 绪论

第一节 人工智能概述

一、人工智能的起源

追溯人工智能的起源，或许有许许多多不同的意见，但人工智能的起源与计算机的开端应该是一致的。对此，我们要从剑桥大学国王学院，一位才华横溢、不拘泥于传统的学生——艾伦·图灵（Alan Turing）说起。

如今的我们对图灵的故事所知甚少，所知的那些故事中最著名的自然是第二次世界大战期间他在布莱切利庄园破译密码的传奇，他因2014年的好莱坞电影《模仿游戏》而被天下认知（虽然电影和现实的差距大得惊人）。他为盟军的最终胜利立下了汗马功劳。但是，人工智能研究人员和计算机科学家崇拜图灵，是出于完全不同的理由：他是真正意义上的计算机发明者，之后，又成为人工智能领域的主要奠基人。

一想到深奥的数学问题，我们很容易就会认为解决它们的方法是冗长而复杂的、大篇幅的方程式和证明过程。有时候，事实的确是这样，如英国数学家安德鲁·威尔斯在20世纪90年代论证著名的费马大定理，数学界花费了好几年时间才消化了他那几百页的手稿，并确信他的论证是正确的。按照这样的标准，图灵解决问题的方案简直是颠覆性的。

与大家想象中的不同，图灵的证明短小精悍，而且很容易读懂（在确立了基本框架以后，真正的证明实际上只有几行）。重点在于，图灵意识到，他需要一个精准定义解决问题方法的方案，为此，他发明了一种可以解决数学问

1

题的机器。如今,为了纪念他,我们称之为图灵机。图灵机是一种对方法的具体描述。图灵机的作用是严格遵循既定的步骤执行运算。在此,我们要强调的是,尽管图灵将它称为"机器",但在那时它只是个抽象的数学概念。通过发明一台机器来解决一个艰深的数学问题,这种想法相当颠覆传统。

图灵的构想是存在这样一台图灵机,可以用来判定任意图灵机的运行结果。他考虑了以下问题:给定一台图灵机和相关输入集,它最终是会停止,还是永无止境地运行下去?这就是一个判定问题,尽管它相对复杂一些。现在,假设存在一个机器能够判定这个判定问题,图灵指出,这个假设会引起悖论。因此,没有办法检测出图灵机是否停止。那么,"图灵机是否停止"是一个不可判定的问题。所以图灵得出结论:存在某些判定问题不能简单地按照确定的步骤来解决。他解决了希尔伯特的难题:数学并不能被简化为遵循方法解决问题。

这一结果是20世纪数学界最伟大的成就之一,单凭它就足以让图灵在数学界名垂青史。图灵发明图灵机的时候,只是个抽象的概念,他并没有想着将它实体化。不过没过多久,不少人,包括图灵自己,都开始着手把这个想法转化成现实。在"二战"时的慕尼黑,康拉德·楚泽为德国航天部设计了一台名为Z3的计算机,虽然它算不上一台完整的计算机,但引入了不少关键部分。在大西洋彼岸的美国宾夕法尼亚州,由约翰·穆克里和普雷斯伯·埃克特领导的小组开发了一台名为ENIAC的机器来计算火炮射击表。杰出的美籍匈牙利数学家约翰·冯·诺依曼对它进行了相关调整,使ENIAC具备现代计算机的基本架构(为了纪念这位数学家,传统计算机的架构被称为"冯·诺依曼架构")。在"二战"后的英国,弗雷德、威廉姆斯和汤姆·基尔伯恩建造了昵称为"曼彻斯特宝贝"的小规模实验机,直接促成了世界上第一台商用计算机的出现(图灵本人于1948年加入曼彻斯特大学的工作团队,并编写了最早运行的程序)。

二、人工智能的基本概念

在社会的早期,人类必须通过如轮子、火之类的工具和武器与自然做斗争。15世纪,古登堡发明的印刷机使人们的生活发生了巨大的变化。19世纪,工业革命利用自然资源发展电力,促进了制造业、交通业和通信业的发展。20世纪,人类通过对天空以及太空的探索,同时通过计算机的发明及其微型化,进而有了个人计算机、互联网、万维网和智能手机。过去的几十年人们见证了一个新世界的诞生,这个新世界出现了海量的数据、事实和信息,这些数据、事实和信息必须转换为知识。

(一)智能

从词源分析,"itelligence"(智能)一词源自拉丁语"intelligentia",意为"洞察力"或"理解能力",其从"intellegere"(理解)演变而来,包括前缀"inter"(在……之间)和动词"legere"(选择)。从词源来看,"inelligence"包含了选择之意。

智能可以被定义为理解事物和事实的智力水平,并且可以通过发现它们之间的关系而得到一种合理的知识性解释(并非直觉),这也就使得对新场景的理解和适应成为可能,因此智能也可被定义为适应能力。智能可被看作为了实现某个目标而对信息加以处理的能力。我们对下面的说法特别感兴趣:将智能投放到互联网数字世界中,而且信息以光速传输。数字世界一直在以文本、图像及声音等方式持续生成信息(互联网从不休眠),这也就是所说的"大数据"。从古至今,人们一直在寻求"如何行动的方法",利用过去的经验,并依此对未来进行一些预测。

(二)商业智能

商业智能(BI)可被定义为一种数据处理方法,通过特定的计算机工具,如数据库及报表等进行数据管理、分析、处理等。其目标是帮助战略和运营决策人员在工作中做出合理的决策。一个重要的原则是:对于直接反映运营决策过程的指标,其设计实现应尽可能地与运营决策贴近。其目的是在正确的时间(BI的一个关键因素)做出正确的决策,以减小运行环境及其指标因子之间的误差。BI需要适应新的环境,这也导致在19世纪中期出现了一种名为商业智能决策(BID)的新架构。虽然BI之前更多地被称作面向分析人员和战略决策人员的决策工具,但这些人员可能并不擅长,甚至与这个领域完全没有关联,新的架构则主要关注该领域人员,或者说那些近乎实时掌控运行的运营人员。在技术层面,BI包括从各种形式和内容都不相同的来源获取的数据,在整理、分类、格式化、存储和分析后从中获取一些评分及行为模式等知识。通过利用这些信息,企业内部的管理、决策和行动流程也得到了提升。商业智能需要数据管理平台(持续使用处理和发布数据的IT工具)以及可以将这些数据转换为信息和知识的组织(BI竞争力中心),这些商业智能竞争力中心(BICC)可以生成分析报告以及商业行为报表,并告知战略和运营决策者。

由于实现这些解决方案和处理所需费用较高,因此主要是一些大企业知道如何进行数据处理并将其转换为知识,这些企业已经组建了自己的BICC,经常是大的垂直商业部门,如市场营销、财务、后勤及人力资源等,且配备了市场上的各种工具(BI方案提供商数量众多)。但需要指出的是,每天越来越多的信息流对于许多企业而言是个很大的问题。由于用于决策和最终实施的"时间帧"的单位是毫秒,许多公司在处理这种连续的信息流时会感觉越来越困难。运营BI部门所需的流程、工具越来越复杂,但人员越来越稀缺,公司被迫根据分析和实时交互的能力做出选择。联网设备的出现则在加速这种"分析破裂",因此BI必须得自我突破且找到处理这些数据的方法,而人工智能则可能会派上用场。

(三)人工智能

人工智能(AI)具有很多定义。这里只关注人工智能在决策和行动中的"学习"能力。人工智能相对于BI的主要优势在于:对于一个非常复杂的场景,利用人工智能在几毫秒内就可以分析完毕并做出决断。人工智能最原始的数据源于大数据,且可以在一毫秒内(有的时间更短)做出决断。人工智能另外一个优势是学习能力,即人工智能工具具有从经验中做出分析、决断和行动的学习能力,这种能力也是人工智能接近人类智力水平的原因。随着经验的积累,人工智能的数字记忆也会更加丰富,而且会成为决断过程中的关键因素,假以时日则会构成企业积累的经验。因此,可参考汤姆·米切尔在1997年对机器学习做出的定义:一个程序被认为能从经验E中学习,解决任务T,达到性能度量值P,当且仅当有了经验B后,经过P评判,程序在处理T时的性能有所提升。

换句话说,决断和行动的自学习过程同一个或多个要达到的目标相关。

决断、行动结果的衡量和目标相关,而且会被反向传入模型,以提高实现决断、行动目标的可能性(每次尝试都是新经验,且使得这个流程快速适应变化的场景)。

三、人工智能的主要研究内容

(一)人工智能的本质

对人工智能的理解因人而异。一些人认为,人工智能是通过非生物系统实现的任何智能形式的同义词,他们坚持认为,智能行为的实现方式与人类智能实现的机制是否相同是无关紧要的。而另一些人则认为,人工智能系统必须能够模仿人类智能。没有人会对是否要研究人工智能或实现人工智能系统进行争论,我们应首先理解人类如何获得智能行为(我们必须从智力、科学、心理和技术意义上理解被视为智能的活动),这对我们才是大有裨益的。例如,如果我们想要开发一个能够像人类一样行走的机器人,那么首先必须从各个角度了解行走的过程,但是不能仅遵循一套规定的正式规则来完成运动。事实上,人们越要求人类专家解释他们如何在学科或事业中获得了如此表现,这些人类专家就越可能失败。例如,当人们要求某些战斗机飞行员解释他们的飞行能力时,他们的表现实际上会变差。专家的表现并不来自不断的、有意识的分析,而是来自大脑的潜意识层面。

想象一下力学教授和独轮脚踏车手的故事。当力学教授试图骑独轮车时,如果人们要求教授引用力学原理,并将他成功地骑在独轮车上这个能力归功于他知道这些原理,那么他注定要失败。同样,如果独轮脚踏车手试图学习这些力学知识,并在他展现车技时应用这些知识,那么他也注定要失败,也许还会发生悲剧性的事故。许多学科的技能和专业知识是在人类的潜意识中发展和存储的,而不是通过明确请求记忆或使用基本原理来学会这些技能的。

在日常用语中,"人工"一词的意思是合成的(人造的),这通常具有负面含义,即人造物体的品质不如自然物体。但是,人造物体通常优于真实物体或自然物体。例如,人造花是用丝和线制成的类似芽或花的物体,它不需要以阳光或水分作为养料,却可以为家庭或公司提供实用的装饰功能。虽然人造花给人的感觉以及香味可能不如自然的花朵,但它看起来和真实的花朵如出一辙。

另一个例子是由蜡烛、煤油灯或电灯泡产生的人造光。显然,只有当太阳出现在天空时,我们才可以获得阳光,但我们随时都可以获得人造光,从这点来讲,人造光是优于自然光的。

最后,思考一下,人工交通工具(如汽车、火车、飞机和自行车)与跑步、步行和其他自然形式的交通(如骑马)相比,在速度和耐久性方面有很多优势。但是,人工形式的交通也有一些显著的缺点,如地球上无处不在的高速公路充满了汽车尾气,人们内心的宁静(以及睡眠)常常被飞机的喧嚣打破。

如同人造光、人造花和交通一样,人工智能不是自然的,而是人造的。要确定人工智能的优点和缺点,必须首先从本质上理解和定义智能。

(二)思维与智能

智能的定义可能比人工的定义更难以捉摸。美国心理学家斯腾伯格就人类意识这个主题给出了以下有用的定义:智能是个人从经验中学习、理性思考、记忆重要信息,以及应对日常生活需求的认知能力。用一个我们都很熟悉的标准化测试问题,如给定以下数列:1,3,6,10,15,21,要求提供下一个数字。

你也许会注意到连续数字之间的差值的间隔为1。例如,从1到3差值为2,从3到6差值为3,以此类推。因此问题正确的答案是28。这个问题旨在衡量我们在模式中识别突出特征方面的熟练程度,我们通过经验来发现模式。

既然已经确定了智能的定义,那么你可能会有以下的疑问:①如何判定一些人(或事物)是否有智能? ②动物是否有智能? ③如果动物有智能,如何评估它们的智能?

大多数人可以很容易地回答出第一个问题。我们通过与其他人交流(如做出评论或提出问题)来观察他们的反应,每天多次重复这一过程,以此评估他们的智力。虽然我们没有直接进入他们的思想,但是通过问答这种间接的方式,可以为我们提供对他们内部大脑活动的准确评估。

如果坚持使用问答的方式来评估智力,那么如何评估动物智力呢? 如果你养过宠物,那么你可能已经有了答案。例如,小猫在晚餐时间听到开罐头的声音时常常表现得很兴奋,这只是简单的巴甫洛夫反射的问题,还是小猫有意识地将罐头的声音与晚餐的快乐联系起来了?

关于动物智力,有一则有趣的轶事:大约在1900年,德国柏林有一匹马,人称"聪明的汉斯",据说这匹马精通数学。

当汉斯做加法或计算平方根时,观众都惊呆了。此后,人们观察到,如果没有观众,汉斯的表现不会很出色。事实上,汉斯的才能在于它能够识别人类的情感,而非精通数学。

马一般都具有敏锐的听觉,当汉斯接近正确答案时,观众们都变得相对兴奋,心跳加速。也许,汉斯有一种出奇的能力,它能够检测出这些变化,从而获得正确的答案。虽然你可能不愿意把汉斯的这种行为归于智能,但在得出结论之前,你应该参考一下斯腾伯格早期对智能的定义。

有些生物只体现出群体智能。例如,蚂蚁是一种简单的昆虫,单只蚂蚁的行为很难归类在人工智能的主题中。但是,蚁群对复杂的问题显示出了非凡的解决能力,如从巢到食物源之间找到一条最佳路径、携带重物以及组成桥梁等。集体智慧源于个体昆虫之间的有效沟通。

脑的质量大小以及脑与身体的质量比通常被视为动物智能的指标。海豚在这两个指标上都与人类相当。海豚的呼吸是自主控制的,这可以说明其脑的质量大,还可以说明一个有趣的事实,即海豚的两个半脑交替休眠。在动物自我意识测试中,如镜子测试,海豚得到了很好的分数,它们认识到镜子中的影像实际上是它们自己的形象。海洋世界等公园的游客可以看到,海豚可以玩复杂的戏法。这说明海豚具有记住序列和执行复杂身体运动的能力。使用工具是智能的另一个"试金石",并且这常常用于将直立人与先前的人类祖先区别开来。海豚与人类都具备这个特质。例如,在觅食时,海豚使用深海海绵(一种多细胞动物)来保护它们的嘴。显而易见,智能不是人类独有的特性。在某种程度上,许多生命是具有智能的。

你应该问自己以下问题:"你认为有生命是拥有智能的必要先决条件吗?"或"无生命物体,如计算机,可能拥有智能吗?"人工智能宣称的目标是创建可以与人类的思维媲美的计算机软件和(或)硬件系统,换句话说,即表现出与人类智能相关的特征。

一个关键的问题是"机器能思考吗"？更一般地来说,你可能会问,"人类、动物或机器拥有智能吗"？

在这个节点上,强调思考和智能之间的区别是明智的。思考是推理、分析、评估以及形成思想和概念的工具,但并不是所有能够思考的物体都有智能。智能也许就是高效以及有效的思维。许多人对待这个问题时怀有偏见,他们说:"计算机是由硅和电源组成的,因此不能思考"。或者走向另一个极端:"计算机计算速度表现得比人快,因此也有着比人更高的智商。"真相很可能存在于这两个极端之间。

正如我们所讨论的,不同的动物物种具有不同程度的智能。我们将要阐述的人工智能领域开发的软件和硬件系统,它们也具有不同程度的智能。我们对评估动物的智商不太关注,尚未发展出标准化的动物智商测试,但是对确定机器智能是否存在的测试非常感兴趣。

也许拉斐尔(Raphael)的说法最贴切:"人工智能是一门科学,这门科学让机器做人类需要智能才能完成的事。"

四、人工智能的发展演变

(一)人工智能的发展历程

1.起始阶段(20世纪40—50年代)。这段时期被认为是人工智能的起始阶段。神经学家沃伦·麦卡洛克和沃尔特·皮茨在1943年发表的名为《神经活动中内在思想的逻辑演算》的论文中引入了第一个生物神经元的数学模型——人工神经元。这实际上是一个二进制的神经元,输出只能是0和1。为了计算输出结果,神经元计算了其输入(和其他人工神经元的输入类似,也是0或1)的加权和,然后使用了一个阈值激励函数:若加权和超过某一数值,则神经元的输出为1,反之为0。

人工神经元通常具有几个输入和一个输出,分别对应生物神经元的树突和突触(轴突的起点)。突触的兴奋和抑制由每个相关输入的权重系数表示,根据每次神经元活动所取得的结果,这些对应每个输入的权重系数会得到更新(增加表示兴奋,减小表示抑制)。最终,这也成为学习的一种类型。

1956年,多名计算机科学家在达特茅斯会议上共同提出了人工智能的概念,该次会议主要关注智能及"智能机器"的概念:①如何通过正式的规则模拟人类的想法和语言;②如何让神经网络思考;③如何使一台机器具有自动学习功能;④如何使一台机器具有创造能力。

2.蓬勃发展阶段(20世纪60年代)。这段时期人工智能蓬勃发展,不少新观点不断涌现,而且开发了大量的程序以解决各种各样的问题,如证明数学定律、下棋、解谜、开始尝试机器翻译等。

3.深入发展阶段(20世纪70—90年代)。

(1)20世纪70年代:这一时期的计算机计算能力有限,人工智能程序运行起来非常慢,从而缺乏有说服力的实例,而且实现起来也非常困难。另外,在《感知机》一书中,明斯基和帕珀特表示当时的神经网络无法处理一些非常简单的功能(如区分两个二进制数),这也导致人工智能的这一分支进入了"危机",而且整个自动学习领域也受到了质疑。

(2)20世纪80年代:随着专家系统的出现,质疑逐渐消失,人工智能也重新吸引了人类的目光。专家系统是利用知识和推理过程来解决问题的智能计算机程序,而这些问题对人类而言解决起来是非常困难的,需要具有深厚的专业素养。例如,利用450条规则,分析血液感染的专家系统对感染的分析结果能够接近人类专家的水平。

(3)20世纪90年代:人们利用"反向传播"学习规则[期望输出和实际输出间存在误差,利用权重(w)在逐个神经元中的应用,从输出到输入进行反向传播]的"重新发现"(初次发现在20世纪60年代末,但那时成果甚微),围绕神经网络开展了很多工作(图1-1)。

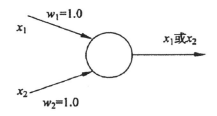

图1-1 反向传播在神经网络中的工作

在图 1-1 中, x_1 和 x_2 为输入数据, w_1 和 w_2 为相关权重, 表示这些输入所占的比重, 使输出结果可以选择 x_1 或 x_2 。w 显然是决断的决定性因素, 将其用在反向传播中, 系统也就具有了自学习的功能。

4.全面发展阶段(21世纪初至今)。如今, 人工智能被越来越多的人所接受, 而且基于以下两个重要发展"渗透"到了企业中。

(1)图形处理器(GPU)的使用代替了计算机中常见的中央处理器: GPU最初是为矩阵图像处理器设计的, 允许并行运算。用一个GPU代表一个神经元, 目前有包含成百上千个GPU的平台, 它们的结构和神经元类似。例如, IBM公司的 Truenorth 芯片包含 54 亿个晶体管, 且构建了 100 万个神经元和 2.56 亿个突触。

(2)全球互联网和联网设备的持续数字化, 为大数据提供了来源, 而大数据则成为这些算法赖以生存的原材料。

这两个方面的结合, 成为人工智能的催化剂, 人工智能所覆盖的领域如游戏、医药、交通、家居自动化以及个人助理等越来越广。

(二)人工智能的早期历史

一直以来, 构建智能机器就是人类的梦想。古埃及人采用了"捷径"——他们建了雕像, 让牧师隐藏其中, 然后由这些牧师试着向民众提供"明智的建议"。不幸的是, 这种类型的骗局不断出现在整个人工智能的历史中。这个领域试图成为人们所接受的科学学科——人工知识界, 却因此类骗局的出现而使其变得鱼龙混杂了。

最强大的人工智能基础来自古希腊哲学家亚里士多德建立的逻辑前提。亚里士多德建立了科学思维和训练有素的思维模式, 这成了当今科学方法的标准。他对物质和形式的区分是当今计算机科学中最重要的概念之一, 他是数据抽象的先行者。数据抽象将方法(形式)与封装方法的外壳区别开来, 或将概念的形式与其实际表示区分开来。

亚里士多德强调了人类推理的能力, 他坚持认为这个能力将人类与所有其他生物区分开来。任何打造人工智能机器的尝试都需要这种推理能力。这就是19世纪英国逻辑学家乔治·布尔的研究——定义了逻辑的代数系统如此重要的原因。他所建立的表达逻辑关系的系统后来被称为布尔代数。

13世纪的西班牙隐士和学者卢尔可能是第一个尝试机械化人类思维过程的人。他的研究早于布尔500多年。在卢尔所著的《伟大的艺术》一书中，他用几何图和原始逻辑装置实现这个目标。他的著作启发了后来的先驱者，其中就包括德国数学家威廉·莱布尼茨。莱布尼茨凭借自身的努力成了伟大的数学家和哲学家，他将卢尔的想法推进了一步：他认为可以建立一种"逻辑演算"或"通用代数"，这种"逻辑演算"可以解决所有的逻辑论证，并可以推理出几乎任何东西。他声明，所有的推理只是字符的结合和替代，无论这些字符是字、符号还是图片。

两个多世纪后，美籍奥地利数学家库尔特·戈德尔证明了莱布尼茨的目标过于乐观。他证明了任何一个数学分支，只使用本数学分支的规则和公理，即使这本身是完备的，也总是包含了一些不能被证明为真或假的命题。伟大的法国哲学家勒内·笛卡儿在《沉思录》一书中，通过认知内省解决了物理现实的问题。他通过思想的现实来证明自己的存在，最终提出了著名的"我思故我在"的哲学命题。这样，笛卡儿和追随他的哲学家建立了独立的心灵世界和物质世界。最终，这促成了一个观点的提出，即身心在本质上是相同的。

世界上第一个真正的逻辑机器是由英国第三代斯坦霍普伯爵——查尔斯·斯坦霍普制造的。斯坦霍普演示器大约在1775年完成，它是由两片透明玻璃制成的彩色幻灯片，一片为红色，另一片为灰色，用户可以将幻灯片推入盒子侧面的插槽内。借助操作演示器，用户可以验证简单演绎论证的有效性，这个简单的演绎论证涉及两个假设和一个结论。尽管这个机器有其局限性，但斯坦霍普演示器是机械化思维过程的第一步。英国数学家巴贝奇是一位有才华的多产发明家，他设计的分析机是世界上第一台可编程的计算机，但是因为没有足够的资金支持，最终这个分析机没有被制造出来。

巴贝奇设计的分析机可以执行不同的任务，这些任务需要人类的思维，如博弈的技能。巴贝奇与他的合作者——洛甫雷斯伯爵夫人一起，设想分析机可以使用抽象的概念，也可以使用数字进行推理。人们认为洛甫雷斯伯爵夫人是世界上第一位程序员。她是拜伦勋爵的女儿,并且 Ada 编程语言就是以她的名字来命名的。

后来,人们为了纪念巴贝奇,制造出了他所设计的分析机。

巴贝奇设计的分析机至少比第一个国际象棋程序编写的时间早一百年。他肯定意识到了设计一台机械下棋设备在逻辑和计算方面的复杂程度。

乔治·布尔的工作对人工智能基础的确立以及对逻辑定律的数学形式化非常重要,逻辑定律的数学形式化成了计算机科学的基础。布尔代数为逻辑电路的设计提供了大量的信息。布尔建立系统的目标,与现代的人工智能研究者的目标非常接近。布尔系统非常简单和正规,发挥了逻辑的全部作用,是其后所有系统的基础。

美国数学家克劳德·香农是公认的"信息科学之父"。他关于符号逻辑在继电器电路上的应用方面的开创性论文,是以他在麻省理工学院的硕士论文——《继电器和开关电路的符号分析》为基础的。他的开创性的工作对电话和计算机的运行都很重要。香农通过计算机学习和对博弈的研究,在人工智能领域做出了贡献。关于计算机国际象棋,他所写的突破性论文对这个领域影响深远。

Nimotron 建造于 1938 年,是第一台可以完整地完成技能游戏的机器。它由爱德华·康登、杰拉德·特沃尼和威拉德·德尔设计,并申请了专利,可以进行 Nim 游戏。他们开发出了一个算法,在任何一个棋局中,都可以得到最好的下棋步骤,这是机器人技术的前奏。

托雷斯·克韦多是一名多产的西班牙发明家,他创建了第一个基于规则的系统,该规则是以 3 枚棋子的相对棋局位置为基础的。他将该系统应用于自己所发明的机器中。

康拉德·楚泽是德国人,他发明了第一台使用电的数字计算机。楚泽最初致力于纯数字运算,他认识到工程和数学逻辑之间的联系,并明白了布尔代数中的计算与数学中的命题演算是相同的。他为继电器开发了一个相对应的条件命题——布尔代数系统,因为在人工智能中,许多工作都要基于这样的条件命题,所以我们可以看到其工作的重要性。他在逻辑电路方面的工作比香农撰写的硕士论文早了几年。楚泽认识到需要一种高效和庞大的存储器,并基于真空管和机电存储器改进了计算机,他称这些计算机为 Z1、Z2 和 Z3。人们普遍接受 Z3 是世界上第一台基于浮点数的、可靠的、可自由编程的工作计算机。

(三)人工智能的近期历史

1.博弈。博弈激起了人们对人工智能的兴趣,促进了人工智能的发展。1959年,美国麻省理工学院工程师亚瑟·塞缪尔在跳棋博弈方面的著作是博弈早期工作的一个亮点。他的程序基于 50 张策略表格,用于与不同版本的自身进行博弈。在一系列比赛中失败的程序将采用获得胜利的程序的策略。这个程序使用强跳棋进行博弈,却从未掌握如何博弈。几个世纪以来,人们一直试图让机器进行国际象棋的博弈,人类对国际象棋机器的迷恋可能源于普遍接受的观点,即只有够聪明,才能更好地博弈。1959年,纽威尔、西蒙和肖思开发了第一个真正的国际象棋博弈程序,这个程序遵循香农—图灵模式。理查德·格林布拉特编写了第一个俱乐部级别的国际象棋博弈程序。

20世纪70年代,计算机国际象棋程序稳步推进,直到20世纪70年代末,程序达到了专家级别。1983年,美国计算机科学学者与软件工程师肯·汤普森开发的 Belle 是第一个正式获得大师级水平的程序。随后,来自卡内基梅隆大学的 HiTech 也获得了成功,它作为第一个特级大师(超过 2500 分)的程序,成了一个重要的里程碑。不久之后,程序 Deep Thought(来自卡内基梅隆大学)也被开发出来,并且成了第一个能够稳定打败国际特级大师的程序。20 世纪 90 年代,当 IBM 公司接管这个项目时,Deep Thought 进化成了 Deep Blue(深蓝)。在 1996 年的费城,世界冠军加里·卡斯帕罗夫"拯救了人类",在 6 场比赛中,他以 4∶2 的比分打败了深蓝。然而,1997 年,在对抗 Deep Blue 的后继者 Deeper Blue 的比赛中,卡斯帕罗夫以 2.5∶3.5 败给了 Deeper Blue,国际象棋界为之震动。在随后的 6 场比赛中,Deeper Blue 在对抗卡斯帕罗夫、克拉姆尼克和其他世界冠军级别棋手的过程中,表现得很出色。虽然人们普遍同意这些程序可能依然略逊于最好的人类棋手,但是大多数人愿意承认,顶级程序与最有成就的人类棋手博弈不分伯仲(如果人们能想起图灵测试),并且毫无疑问,在未来某个时间,程序很可能会夺取国际象棋比赛的世界冠军。

1989年,加拿大埃德蒙顿阿尔伯塔大学的乔纳森·舍弗尔开始了利用程序Chinook征服跳棋游戏的进程。1992年,在对战长期占据跳棋世界冠军宝座的马里恩·廷斯利的一场40回合的比赛中,Chinook以34局平局、2局胜、4局负,输了比赛。1994年,廷斯利由于健康原因主动放弃比赛,他们的比赛没有再继续。从那时起,舍弗尔及其团队努力求解如何博弈残局(只有8枚棋子或更少棋子的残局),以及从开局就开始的博弈。

使用人工智能技术的其他博弈游戏包括西洋双陆棋、扑克、桥牌、奥赛罗和围棋(通常称为"人工智能的新果蝇")等。

2.专家系统。人们对某些领域的研究几乎与人工智能本身的历史一样长,专家系统就是其中之一。这是在人工智能领域可以宣称获得巨大成功的一门学科。专家系统具有许多特性,这使得它适合于人工智能研究和开发。这些特性包括了知识库与推理机的分离、系统知识超过了任何专家或所有专家的总和、知识与搜索技术的关系、推理以及不确定性。

最早也是最常提及的专家系统之一是使用启发法的DENDRAL,建立这个系统的目的是基于质谱图鉴定未知的化合物。DENDRAL是斯坦福大学开发的,目的是对火星土壤进行化学分析。这是最早的专家系统之一,表明了编码特定学科领域专家知识的可行性。

MYCIN也许称得上是最著名的专家系统,这个系统也是由斯坦福大学开发的。MYCIN是为了方便传染性血液疾病的研究而开发的。然而,比其领域更重要的是,MYCIN为所有未来基于知识系统的设计树立了一个典范。

MYCIN有超过400条的规则,最终斯坦福医院让它与高级专科住院实习医生对话,对其进行培训。20世纪70年代,斯坦福大学开发了PROSPECTOR,用于矿物勘探。PROSPECTOR也是早期有价值的使用推理网络的例子。

20世纪70年代之后,其他著名的、成功的专家系统有:大约有10000条规则的 XCON,它用于帮助配置 VAX 计算机上的电路板;GUIDON5 是一个辅导系统,它是 MYCIN 的一个分支;TEIRESIAS 是 MYCIN 的一个知识获取工具。道格·雷纳特的人工数学家系统是 20 世纪 70 年代研究和开发工作另一个重要的结果。此外还有用于在不确定性条件下进行推理的证据理论,以及扎德在模糊逻辑方面所做的工作。

自 20 世纪 80 年代以来,人们在配置、诊断、指导、监测、规划、预后、补救和控制等领域已经开发了数千个专家系统。今天,除了独立的专家系统之外,出于控制的目的,还有许多专家系统已经被嵌入其他软件系统,包括那些在医疗设备和汽车中的软件系统。

3.神经计算。美国神经科学家麦卡洛克和他的助手皮茨在神经计算方面进行了早期研究。他们试图理解动物神经系统的行为,但他们的人工神经网络(ANN)模型有一个严重的缺点,即它不包括学习机制。

美国康奈尔大学的弗兰克·罗森布拉特教授开发了一种被称为感知器学习规则的迭代算法,以便在单层网络(网络中的所有神经元直接连接到输入口)中找到适当的权重。在这个新兴学科中,由于美国麻省理工学院的明斯基和帕尔特教授声明某些问题不能通过单层感知器解决,如异或(XOR)函数,因此该研究遭遇了重重阻碍。在此声明宣布之后,神经网络研究受到了严重削弱。

20 世纪 80 年代初期,由于霍普菲尔德的工作,这个领域见证了第二次爆发式的研究活动。他的异步网络模型使用能量函数找到了非确定性多项式(NP)完全问题的近似解。20 世纪 80 年代中期,人工智能领域也见证了反向传播的发现,这是一种适合于多层网络的学习算法。人们一般采用基于反向传播的网络来预测道琼斯的平均值,以及在光学字符识别系统中读取印刷材料。神经网络也用于控制系统。ALVINN 是卡内基梅隆大学的项目。这项工作的一个直接应用是,无论何时,当车辆偏离车道时,系统都会提醒由于缺乏睡眠或其他条件而使判断力受到削弱的驾驶员。

4.进化计算。人们笼统地将智能优化算法归类为进化计算。遗传算法是进化计算的一种,其使用概率和并行性来解决组合问题,也称为优化问题。这种搜索算法是由美国心理学家约翰·霍兰德开发的。然而,进化计算不仅仅涉及优化问题。麻省理工学院计算机科学和人工智能实验室的前主任罗德尼·布鲁克斯放弃了基于符号的方法,转用自己的方法成功地创造了一个媲美人类水平的人工智能,他巧妙地将这个人工智能称为"人工智能研究的圣杯"。基于符号的方法依赖于启发法和表示范例。而在他包容架构的理论中(可以将智能系统设计成多个层次,其中较高级别的层依然依赖下面的层),他主张世界本身就应该作为我们的代表。布鲁克斯坚持认为,智能体通过与环境进行交互才会出现智能。他最著名的成就就是在实验室里制造出的类似昆虫的机器人,这体现了这种智能科学。在此处,一群自主机器人与环境交互,也彼此交互。

5. 自然语言处理。如果我们希望建立智能系统,就要求系统拥有方便人类理解的语言,使其看起来很自然。约瑟夫·维森鲍姆开发的 Eliza 和特里·维诺格拉德开发的 SHRDLU 是两个著名的早期应用程序。约瑟夫·维森鲍姆是麻省理工学院的计算机科学家,他与斯坦福大学的精神病医师肯尼斯·科尔比一起工作,共同开发了 Eliza 程序。Eliza 旨在模仿卡尔·罗杰斯学派的精神病学家所起的作用。例如,如果用户键入"我感到疲劳",Eliza 可能会回答:"你说你觉得累了。请告诉我更多内容。""对话"将会以这种方式继续,在对话的原创性方面,机器很少做出贡献或没有贡献。精神分析师可能会以这种方式表现,希望患者能发现他们真实的(也许隐藏的)感受和沮丧。同时,Eliza 仅通过模式匹配假装类似人类的交互。

让人好奇的是,维森鲍姆的学生和普通公众对和 Eliza 的互动充满了兴趣,即使他们完全意识到 Eliza 只是一个程序,这令维森鲍姆感到非常不安。同时,精神病医师科尔比仍然致力于该项目,并写出了一个成功的程序(称为 DOCTOR)。Eliza 对自然语言处理(NIP)的贡献不大,因为这种软件只是假装拥有人类能够感知情绪的能力,而这种能力也许是人类硕果仅存的"特殊性"了。

NIP 的下一个里程碑不会引起任何争议。特里·维诺格拉德开发了 SHRDLU,这是他的麻省理工学院博士论文的项目。SHRDLU 使用意义、语法和演绎推理来理解和响应英语命令。它的对话世界,是在一个桌面上放着各种形状、大小和颜色的积木。

机器人手臂可以与这个桌面互动,实现各种目标。例如,如果要求SHRDLU举起一个红色积木,在这个红色的积木上有一个小的绿色积木,它知道在举起红色积木之前,必须先移除绿色积木。与Eliza不同,SHRDLU能够理解英语命令并做出适当的回应。

HEARSAY是一个雄心勃勃的语音识别程序,这个程序采用了黑板架构,在黑板架构中组成语言的各种组件(如语音和短语)的独立知识源(智能体)可以自由通信,并使用语法和语义裁剪掉不相关的单词组合。

在这些成功的自然语言程序中,解析发挥了不可或缺的作用。SHRDLU采用上下文无关文法解析英语命令。上下文无关文法提供了处理符号串的句法结构。然而,为了有效地处理自然语言,还必须考虑到语义。

早期的语言处理系统,在某种程度上采用的都是世界知识。然而,20世纪80年代后期,NIP进步的最大障碍是常识的问题。例如,虽然在NIP和人工智能的特定领域有了许多成功的方案,但它们经常被批评只是微观世界,即程序没有一般的现实世界的知识或常识。

例如,虽然程序可能知道很多关于特定场景的知识,如在餐馆订购食物,但是它没有男女服务员是否还活着或者他们是否穿着通常的衣服这些知识。最近,NIP领域出现了一个重大模式转变。在这种相对较新的方法中,统计方法控制着句子的语法分析树,而不是世界知识。

学者查尼阿克描述了如何增强上下文无关文法,即赋予每个规则相关概率。例如,这些相关概率可以从宾州树库中获取。宾州树库包含了手动解析的超过一百万单词的英语文本,这些文本大部分来自《华尔街日报》。查尼阿克演示了这种统计方法如何成功地解析《纽约时报》首页的一个句子(即使对大多数人而言,这也并非琐碎)。

6.生物信息学。生物信息学是新生学科,是将计算机科学的算法和技术应用于分子生物学中的学科,主要关注生物数据的管理和分析。在结构基因组学中,人们尝试为每个观察到的蛋白质指定一个结构。自动发现和数据挖掘可以帮助人们实现这种追求。学者胡里斯卡和格拉斯哥演示了基于案例的推理，能够协助发现每个蛋白质的代表性结构。

对于可获得的数据，不论在其种类上还是数量上，都对微生物学家造成了重负，这要求他们完全基于庞大的数据库来理解分子序列、结构和数据。许多研究人员认为，实践将证明来自知识表示和机器学习的人工智能技术是大有用处的。

（四）人工智能的最新发展

人工智能是一门独特的学科，允许我们探索未来生活的诸多可能性。在人工智能短暂的历史中，它的方法已经被纳入计算机科学的标准技术中。例如，在人工智能研究中产生的搜索技术和专家系统，并且这些技术现在都嵌入到许多控制系统、金融系统和基于 Web 的应用程序中。

今天，人们活到八九十岁都并不罕见，人类寿命将继续延长。医疗加上药物、营养以及关于人类健康的知识将继续取得显著进步，从而成为人类寿命延长的主要原因。此外，先进的义肢装置将帮助残疾人在较少身体限制的状态下生活。

最终，小型、不显眼的嵌入式智能系统将能够维护和增强人们的思维能力。一开始，这样的系统非常昂贵，不是普通消费者所能负担得起的，而且会产生一些其他问题，如人们会担心谁应该秘密参与到这些先进的技术中。随着时间的推移，标准规范不断完善。但是，寿命超过百年的人组成的社会，其结果将会是什么呢？如果接受嵌入式混合材料（如硅电路）可使生命得以延续到一百年以上，谁不愿意接受呢？如果这个星球上的老年人口过多，生活会有什么不同呢？谁将解决人们的居住问题？生命的定义又是什么？也许更重要的是，生命在何时结束？这些确实是道德和伦理难题。

在生活中，为人类的最大进步铺平道路的科技会是未来的冠军吗？人工智能会在逻辑、搜索或知识表示方面取得进展吗？或者，我们可否从由看起来简单的系统组织成具有非常多可能性的复杂系统的方式中学习？专家系统将会为我们做些什么？在自然语言处理、视觉、机器人技术方面会有什么进步？神经网络和机器学习提供了什么可能性？虽然这些问题的答案很难获得，但可以肯定的是，随着影响生活的人工智能技术的持续涌现，我们将会采用大量的科技使生活变得更加方便。

任何技术的进步都带来了很多的可能性，同时也产生了新危险。危险可能与组件和环境出乎意料地交互而导致出现事故甚至灾难。同样危险的是，结合了人工智能的技术进步可能会落入坏人之手。思考一下，如果能够战斗的机器人被恐怖分子挟持，这会造成多大的破坏和混乱。但这可能不会阻碍进步，因为这些技术为人们带来了惊人的可能性，即使一些风险与这些可能性相关，人们也会接受这些风险以及可能的致命后果。人们可能会明确地接受这些风险，或采用默认的做法处理这些风险。在人工智能之前，机器人的概念就已经存在了。目前，机器人在机器装配中起着重要作用。

此外，机器人能够帮助人类做一些常规的体力活，如吸尘和购物，并且在更具挑战性的领域（如搜索和救援以及远程医疗方面）也有帮助人类的潜力。随着时间的推移，机器人还会显示情感、感觉和爱，以及我们通常认为是人类独有的一些行为。机器人将在生活的各个方面帮助人们，其中许多方面人类目前无法预见。然而，有人认为机器人也许会模糊"在线生活"和"现实世界生活"之间的区别，这也并非不着边际。我们如何定义智能人工机器人？如果机器人智能超过了人类，会发生什么事情？在试图预测人工智能的未来时，我们希望能够充分思考这些问题，以便在未来做出更充分的准备。

第二节 物联网的主要内容

一、物联网的产生与发展

（一）物联网的产生

1.物联网的概念。物联网是新一代信息技术的重要组成部分，其英文名称是"The Internet of things"，顾名思义，"物联网就是物与物相连的Internet"。

它包含两层意思：第一，物联网的核心和基础仍然是 Internet，是在 Internet 基础上延伸和扩展的网络；第二，其用户端延伸和扩展到了任何物品与物品之间，进行信息交换和通信。

物联网的概念最早由美国麻省理工学院的研究人员提出，所谓"物联网"确切的定义，是指通过射频识别（RFID）、红外感应器、全球定位系统、激光扫描器等信息感知设备，按约定的协议，把任何物品与 Internet 连接起来，进行信息交换和通信，以实现智能化识别、定位、跟踪、监控和管理的一种网络。

在现阶段，物联网是借助各种信息传感技术以及信息传输和处理技术，使管理的对象（人或物）的状态能被感知和识别而形成的局部应用网络，在不远的将来，物联网是将所有局部应用网络通过 Internet 或通信网连接在一起，形成人与人（Man to Man）、人与物（Man to Machine）、物与物（Machine to Machine）相联系的一个巨大网络，是感知中国、感知世界的基础。

2.物联网产生的历史。物联网作为一个新的概念，其发展历程不过 20 多年，但它的出现，立即引起世界各国人士的高度关注，全世界对物联网重视度极高。1999 年美国麻省理工学院 MIT（Masachusetts Institute of Technology）教授 Kevin Ashton 首次提出物联网的概念，1995 年比尔·盖茨也在其所著的《未来之路》中提及物联网，但是那个年代的计算机水平和网络水平远远不具备能实现梦想的条件，并未引起广泛的关注，比尔·盖茨的梦想超越了那个年代，引领社会朝着一个新的目标发展。物联网真正受到广泛关注是在 2000 年后，在技术的推动下，物联网取得了阶段性的成果，物联网总体性标准被确定。随着计算机技术以及通信技术的日渐成熟，物联网迎来了发展机遇，日本、美国、韩国、欧盟以及中国等多个国家和地区相继提出物联网发展战略，将其作为未来经济发展的推动力。

物联网的基本思想出现于 20 世纪 90 年代，2005 年 11 月 17 日，在信息社会世界峰会（WSIS）上，国际电信联盟（ITU）发布了《ITU Internet 报告 2005：物联网》。报告指出，无所不在的"物联网"通信时代即将来临，世界上所有的物体从轮胎到牙刷、从房屋到纸巾都可以通过 Internet 主动进行信息交换。欧洲智能系统集成技术平台（EPoSS）于 2008 年在《物联网 2020》（*Internet of Things in 2020*）报告中分析预测了未来物联网的发展趋势。

2009年1月28日,奥巴马与美国工商业领袖举行了一次"圆桌会议"。IBM首席执行官彭明盛首次提出"智慧地球"的概念,建议新政府投资新一代的智慧型基础设施。此概念一经提出,即得到美国各界的高度关注,甚至有分析认为,IBM公司的这一构想极有可能上升至美国的国家战略,并在世界范围内引起轰动。

2009年,欧盟执委会发表题为《Internet of Things-An action plan for Europe》的物联网行动方案,描绘了物联网技术应用的前景,并提出要加强对物联网的管理、完善隐私和个人数据保护、提高物联网的可信度、推广标准化、建立开放式的创新环境、推广物联网应用等行动建议。

韩国通信委员会于2009年出台了《物联网基础设施构建基本规划》,该规划是在韩国政府之前的一系列相关计划基础上提出的,目标是要在已有的应用和实验网条件下构建世界最先进的物联网基础设施、发展物联网服务、研发物联网技术,营造物联网推广环境等。

2009年,日本政府IT战略部制定了日本新一代的信息化战略《i-Japan战略2015》,该战略旨在到2015年让数字信息技术如同空气和水一般融入每一个角落,聚焦电子政务、医疗保健和教育人才三大核心领域,激活产业和地域的活性并培育新产业,以及整顿数字化基础设施。

我国政府也高度重视物联网的研究和发展。2009年8月7日,时任国务院总理温家宝在无锡视察时发表重要讲话,提出"感知中国"的战略构想,表示中国要抓住机遇,大力发展物联网技术。2009年11月3日,温家宝总理向首都科技界发表了题为《让科技引领中国可持续发展》的讲话,再次强调科学选择新兴战略性产业非常重要,并指示要着力突破传感网、物联网关键技术。

2010年1月19日,全国人大常委会委员长吴邦国参观无锡物联网产业研究院,表示要培育发展物联网等新兴产业,确保我国在新一轮国际经济竞争中立于不败之地。我国政府高层一系列的重要讲话、报告和相关政策措施表明:大力发展物联网产业将成为今后一项具有国家战略意义的重要决策。

(二)物联网的发展

1.发展方向。未来物联网将朝着规模化、协同化和智能化方向发展,同时以物联网应用带动物联网产业将是全球各国的主要发展方向。物联网产业将朝着以下方向发展。

(1)大数据处理技术:物联网的发展出现大数据的概念,在过去的数年里,物联网蓬勃发展。根据行业测算,到2025年将安装相关设备754.4亿台。

(2)全数字化管理+云服务:在基础设施服务领域,全数字化管理+云服务属于物联网产业范畴,云计算是物联网应用于基础设施服务业的重要组成部分,物联网的大规模应用也将大大推动云计算服务发展。云计算、大数据等这些物联网技术都是新基建的核心引擎。

(3)智能物联:部署在社区的智能传感器将记录业主的步行路线、共享汽车使用、建筑物占用、污水流量和全天温度变化等所有内容,为居住的人们创造一个舒适、方便、安全和干净的环境。

智能物联网的另一个领域是汽车行业,在未来,自动驾驶汽车将成为一种常态,车辆通过联网的应用程序,显示有关汽车的最新状况信息,物联网技术是车联网的核心。

(4)物联网+区块链:物联网的集中式架构是其受攻击的原因之一。随着越来越多设备的加入,物联网将成为网络攻击的首要目标,这使得安全性变得极其重要。

区块链为物联网安全提供了新的希望,区块链是公共的,参与区块链网络节点的每个人都可以看到存储的数据块和交易,其次,区块链是分散的,因此没有单一的权威机构可以批准消除单点故障的交易,因此它是安全的,数据库只能扩展,记录不能更改。

(5)协同化发展:随着产业扩大和标准的不断完善,物联网将朝协同化方向发展,形成不同物体间、不同企业间、不同行业乃至不同地区或国家间的物联网信息的互联互通互操作,应用模式从闭环走向开环,最终形成可服务于不同行业和领域的全球化物联网应用体系。

(6)智能化发展:物联网将从目前简单的物体识别和信息采集,走向真正意义上的物联网,包括实时感知、网络交互和应用平台可控可用,实现信息在真实世界和虚拟空间之间的智能化流动。

2.发展前景与存在的问题。物联网技术的应用与发展,可以深刻改变人们的工作和生活,如随处可见的共享单车,让交通的"最后一公里"问题得到解决;如智能家居安防系统中的自动报警、紧急求助等,可以让我们的生活更安全、高效。但目前物联网技术的发展仍然存在以下问题,需要关注和解决。

目前国际上物联网应用和产业发展总体还处于进步和完善阶段,核心技术尚不成熟,标准体系尚在建立,理论上的发展潜能转化为现实的市场尚需时日;而我国物联网已具备一定的产业技术和应用基础,但还处于初级阶段,还存在一系列瓶颈和限制因素。

我国物联网产业起步良好,具备了较好的产业基础和发展前景。主要体现在以下三个方面。

(1)技术研发和标准化取得重要成果:早在十多年前物联网技术研发就已经启动,尤其在中国同样不落后。国家科技重大专项——新一代宽带移动无线通信网部署已经完成,一大批高校科研单位和企业在物联网及相关领域进行科研和产业化技术攻关,掌握了一批具有自主知识产权的关键技术。电子标签,也就是 RFID 标准体系初步形成,传感器网络标准制定工作已启动。

(2)相关设备快速发展:电子标签产业从无到有,企业超过百家,已形成了涵盖标签、读写器、系统集成等较为完整的产业链,近年年均增长超过20%。传感感应方面建立起敏感元件与传感器产业,国内在生物传感器、化学传感器、红外线传感器、图像传感器、工业传感器等领域掌握了专利。并建立了技术先进,规模位居世界前列的公众信息网。

(3)物联网示范应用:目前物联网已在智能电网、智能交通、智能物流、智能家具、环境保护、医疗卫生、金融服务业、公共安全、国防军事等领域得到应用,示范效应初步显现。

虽然我国物联网已具备一定的产业技术和应用基础,但还处于初级阶段,还存在一系列瓶颈和限制因素,主要体现在以下五个方面:①产业化能力不高。产业体系基本建成但产业化能力不高,尚未形成规模化产业优势;②关键核心技术有待突破。在传感器、芯片关键设备制造、智能通信与控制、海量数据处理等核心技术上与发达国家还存在较大的差距;③标准分散不完善。在标准制定工作中包括对物联网技术如何划分尚存在一些争议。从大的方面来看,物联网由三部分所组成,传感器部分、通信网部分、计算机部分,这三部分标准如何制定,尤其是如何进行衔接是需要研究的;④应用规模和领域偏小。由于应用规模和领域偏小,没有形成成熟的商业模式,应用成本较高;⑤存在安全隐患。物联网存有大量国家经济社会活动和战略性资源,因而面临巨大安全与隐私保护挑战。

物联网代表了未来的信息技术与产业融合的发展方向,被称为继计算机、因特网之后世界信息产业第三次浪潮,具有庞大的市场和产业空间。发展物联网产业是推动加快结构调整和发展方式转变的重要途径和措施,也是提升国家竞争力,抢占新一轮全球竞争制高点的战略选择。

工信部作为主管部门,应认真贯彻落实中央决策部署,加强沟通协作,针对当前存在的问题进一步加大工作力度,完善政策措施,加快推进物联网技术和产业的发展。

(三)物联网技术特点及存在的问题

物联网是实现物品与物品、物品与人之间的通信,其目标是将万物连接至网络。所以,物联网是互联网的延伸和扩展,其核心和基础仍然是互联网,其特点是无处不在的数据感知、以无线为主的信息传输、智能化的信息处理,用户端可以延伸和扩展到任何物品和物品之间进行信息交换和通信。

其主要特征包括:①全面感知。利用RFID、传感器、数码摄像机及其他各种感知设备随时随地采集各种动态对象,全面感知世界;②可靠传递。利用以太网、无线网、移动网将感知的信息进行实时传送;③智能处理。对物体实现智能化的控制和管理,真正达到了人与物、物与物之间的沟通;④商业价值。除了传统互联网的商业价值,物联网的商业价值更多地同联网物品所属行业相结合,全球对于物联网经济规模都十分认同。中国社科院曾指出,未来物联网产业规模比互联网大 30 倍。市场研究机构 Market Study Report 发布的《物联网云平台市场报告》称,预计到 2027 年,全球物联网云平台市场规模将达到 129 亿美元。

物联网应用过程中有四项重要技术:

第一,网络通信技术。包含很多重要技术,其中 M2M 技术最为关键,其用来表示机器与机器之间的连接与通信。它将数据从一台终端传送到另一台终端,也就是机器与机器的对话。比如,上班用的门禁卡、超市的条码扫描、NFC 手机支付等。从它的功能和潜在用途角度看,M2M 推动了整个"物联网"的产生。

第二,传感器技术。传感器是摄取信息的关键器件,它是物联网中不可缺少的信息采集手段。目前传感器技术已渗透到科学和国民经济的各个领域,在工农生产、科学研究及改善人民生活等方面,起着越来越重要的作用。

第三,嵌入式技术是综合了计算机软硬件、传感器技术、集成电路技术、电子应用技术为一体的复杂技术。经过几十年的演变,以嵌入式系统为特征的智能终端产品随处可见。如果把物联网用人体做一个简单比喻,传感器相当于人的眼睛、鼻子、皮肤等感官;网络是神经系统,用来传递信息;嵌入式系统则是人的大脑,在接收到信息后要进行分类处理。

第四,云计算技术。云计算不是一种全新的网络技术,而是一种全新的网络应用概念。云计算的核心概念就是以互联网为中心,在网站上提供快速且安全的云计算服务与数据存储,让每一个使用互联网的人都可以使用网络上的庞大计算资源与数据,可以随时获取"云"上的资源,并按需求量使用。云计算服务可以看成是无限扩展的,是一种按使用量付费的模式,这种模式提供可用的、便捷的、按需的网络访问,进入可配置的计算资源共享池(资源包括网络、服务器、存储、应用软件、服务),这些资源能够被快速提供,只需投入很少的管理工作,或者与服务供应商进行很少的交互就可以实现。

物联网技术的发展可以带来巨大的经济效益和社会效益,我国要加快和推动物联网的持续发展,还需要解决一些问题,最主要的是核心技术、统一标准规范、信息安全和保护隐私等方面。

1.核心技术有待突破。信息技术的发展促使物联网技术初步形成,我国物联网技术发展还处于初级阶段,存在的问题比较多,一些关键技术还处于初始应用阶段,急需优先发展的是传感器接入技术和核心芯片技术等。

首先,我国现阶段物联网中所使用的物联网传感器的连接技术受距离影响限制较大,由于传感器本身属于精密设备,对外部环境要求较高,很容易受到外部环境的干扰。

其次,我国物联网技术中使用的传感器存储能力有限,随着物联网不断发展,对信息的存储量要求变大,其存储能力和通信能力还需要继续提高,且需求数量较大,现有的技术能力不能满足物联网发展的需求。

最后,物联网技术的发展还需要有大量的传感器对信息进行传输,因此需要发展传感器网络中间技术,不断创新和完善新技术的应用。

2.统一标准规范。物联网技术的发展对互联网技术有一定的依赖性。我国互联网技术尚未形成较为完善的标准体系,这在一定程度上阻碍了我国物联网技术的进一步发展。目前由于各国之间科技的发展以及感应设备技术的差异性,难以形成统一的国际标准,导致难以在短时间内形成规范的标准。

3.信息安全和保护隐私的问题。信息安全和隐私保护已经成为网络技术的重要内容。计算机技术和互联网技术在不断方便人们工作和生活的同时,也对人们的信息安全和隐私提出一定的挑战。此问题在物联网技术的发展中将带来重要影响。物联网技术主要是通过感知技术获取信息,因此如果不采取有效的控制措施,会导致自动获取信息,同时感应设备由于识别能力的局限性,在对物体进行感知的过程中容易出现无限制追踪的问题,从而对用户隐私造成严重威胁。

因此,需要设立必要的访问权限,具体可以通过密钥进行管理,但由于网络的同源异构性,导致管理工作和保密工作存在一定的难度。此外,在不断加强管理、提高设备水平的同时,对物联网的发展成本也提出了较大的挑战。

二、物联网体系架构

认识任何事物都要有一个从整体到局部的过程,尤其对于结构复杂、功能多样的系统。体系架构是指导具体系统设计的首要前提。物联网应用广泛,系统规划和设计极易因角度的不同而产生不同的结果,因此急需建立一个具有框架支撑作用的体系架构。另外,随着应用需求的不断增大,各种新技术将逐渐纳入物联网体系中,体系架构的设计也将决定物联网的技术细节、应用模式和发展趋势。

在物联网中,任何人和物之间都可以在任何时间、任何地点实现与任何网络的无缝融合,它实现了物理世界的情景感知、处理和控制这一闭环过程,真正形成了人与物、人与人、物与物之间信息的连接。

(一)感知控制层

感知控制层包括传感技术、标识技术、定位技术等。

1.传感技术。传感技术是指主要利用传感器传输数据。传感器可以感知周围环境或者特殊物质,如气体感知、光线感知、温湿度感知、人体感知等,它将模拟信号转化成数字信号,显示出形成的气体浓度参数、光线强度参数、温度湿度等数据。

传感器是一种检测装置,它能够感受到被测量的信息,并将所感信息,按一定规律转换成电信号或者其他所需要形式的信息进行输出,用来满足信息的传输、存储、处理、记录、显示和控制等要求。

传感器的特点有数字化、微型化、多功能化、智能化、网络化、系统化。它可以实现自动检测和自动控制。通常根据其基本感知功能分为热敏元件、光敏元件、气敏元件、力敏元件、磁敏元件、湿敏元件、声敏元件、放射线敏感元件、色敏元件和味敏元件十大类。

目前传感器经过许多年的发展,广泛应用于航天航空、国防科技和工农业生产等各个领域之中。常见的应用如下:①自动门。利用人体的红外微波来开关门;②烟雾报警器。利用烟敏电阻来测量烟雾浓度,从而达到报警的目的;③手机。其中的照相机,利用光学传感器来捕获图像;④电子秤。利用力学传感器(导体应变片技术)来测量物体对应变片的压力,从而达到

27

测量重量的目的;⑤水位报警、温度报警、湿度报警、光学报警等。

下面介绍智能交通系统中应用的传感器类型。

(1)红外传感器:红外传感系统是以红外线为介质的测量系统。红外传感器测量的原理是当有物体遮挡红外线对射管时,发射源被遮挡,红外线接收管无法导通并输出高电平。当红外线接收管被正面遮挡时,周围障碍物反射由红外线发射管发出的红外线,由此可以判断是否有物体从红外线对射管中间通过。红外线技术在测速系统中已经得到了广泛应用,许多产品已运用红外线技术实现车辆测速、探测等。

(2)光照传感器:光照传感器采用的是热点效应原理,这种传感器主要使用了对弱光性具有较高反应的探测部件,这些感应元件其实就像照相机的感光矩阵一样,内部有绕线电镀式多接点热电堆,其表面涂有高吸收率的黑色涂层,热接点在感应面上,而冷接点则位于机体内,冷热接点产生温差电势。在线性范围内,输出信号与太阳辐照度成正比。透过滤光片的可见光照射到光敏二极管,光敏二极管根据可见光照度大小转换成电信号,然后电信号会进入传感器的处理器系统,从而输出需要得到的二进制信号。

(3)温湿度传感器:温湿度传感器是一种湿敏和热敏元件,采用数字集成传感器做探头,配以数字化处理电路,将环境中的温度和相对湿度转换成与之相对应的标准模拟信号,如 4~20mA、0~5V 或者 0~10V,来测量温度和湿度。它可以同时把温度及湿度值的变化变换成电流或电压值的变化,可以直接同各种标准的模拟量输入的二次仪表连接。有的带有现场显示,有的不带有现场显示。温湿度传感器由于具有体积小、性能稳定等特点,广泛应用在生产、生活的各个领域。例如,485型温湿度传感器,采用微处理器芯片电路,探头与壳体直接相连确保产品的可靠性、稳定性和互换性。输出信号类型为 RS485,能可靠地与上位机系统等进行集散监控,最远可通信2000米,采用标准的 modbus 协议,支持二次开发。

2.标识技术。标识技术是指对物品进行有效的、标准化的编码与标识的技术手段,它是信息化的基础工作。随着人们对于健康和安全的意识越来越强,食品行业对产品的质量和安全性(从原料、运输,到生产、储藏以及涉及的追溯和管理)的要求越来越高。标识能够在满足企业产品追踪、追溯需求等方面起到很重要的作用。

标识技术主要有条码技术、IC 卡技术、射频识别技术、光符号识别技术、语音识别技术、生物计量识别技术、遥感遥测技术、机器人智能感知技术等。

无线射频识别即射频识别技术(Radio Frequency Identification,RFID),是自动识别技术的一种,其原理为阅读器与标签之间进行非接触式的数据通信。当标签进入阅读器阅读范围后,阅读器通过天线发出射频信号,标签接收到阅读器发出的信号后激活并返回信号给阅读器。该技术被认为是 21 世纪最具发展潜力的信息技术之一。RFID 的应用非常广泛,典型应用有动物晶片、汽车晶片防盗器、门禁管制、停车场管制、生产线自动化、物料管理等。

(1)RFID 系统的组成:RFID 系统是由射频识别卡、阅读器和应用系统构成。

①射频识别卡:射频识别卡又称电子标签,主要用来存储被标识物的数据信息,其核心是一个集成电路。集成电路具有信息的收发和存储功能,存储容量为 1024bit 或更大。信息被存储在标签的保留区、EPC 存储区、TID 存储区或用户存储区中。由于射频识别卡在应用时经常被粘贴在被识别物体上,所以该装置也称作"电子标签"。射频识别卡中保存着一个物体的属性、状态、编号等信息。电子标签通常安装在物体表面,具有一定的无金属遮挡的视角。

②阅读器:阅读器根据使用的结构和技术不同可以是读或读/写装置,用于读取或写入射频识别卡中的数据,是 RFID 系统的信息控制和处理中心。阅读器通常由耦合模块、收发模块、控制模块和接口单元组成。阅读器和标签之间一般采用半双工通信方式进行信息交换,同时阅读器通过耦合给无源标签提供能量和时序。在实际应用中,可进一步通过 Ethernet 或 WLAN 等实现对物体识别信息的采集、处理及远程传送等管理功能。它满足了对快速运动的多个物体或人员同时进行快速准确自动识别的需要,适合于要求读出距离远、识别速度快以及要求对多个卡片同时进行识别的应用领域。

③应用系统:射频识别卡和阅读器都必须与具体应用系统相关。

（2）RFID 技术的工作原理：RFID 技术的基本工作原理并不复杂，标签进入阅读器后，阅读器发射一特定频率的无线电波能量，标签接收阅读器发出的射频信号，凭借感应电流所获得的能量发送出存储在芯片中的产品信息，或者由标签主动发送某一频率的信号，阅读器读取信息并解码后，送至中央信息系统进行有关数据处理。

从阅读器及电子标签之间的通信及能量感应方式来看，大致上可以分成：感应耦合及后向散射耦合两种。一般低频的 RFID 大都采用第一种方式，而较高频大多采用第二种方式。

①工作频率：RFID 技术的低频段射频标签，简称低频标签，其工作频率范围为 30～300KHz。典型工作频率有 125KHz、133KHz。中高频段射频标签的工作频率一般为 3～30MHz。典型工作频率为 13.56MHz。超高频与微波频段的射频标签，简称微波射频标签，其典型工作频率为 433.92MHz、862（902）～928MHz、2.45GHz、5.8GHz。

②供电方式：按标签供电方式的不同主要分为有源标签和无源标签。

有源标签安装有电池或其他供电设备，主动侦测附近有无读写器，对读写器的发射功率要求低，拥有较长的有效读取距离和较大的存储容量。

无源标签不需要在标签上安装供电设备，在接收到读写器发出的微波信号后，将部分微波能量转化为直流电供自己工作。具有免维护、成本低、使用寿命长等优势。

③工作距离：按标签工作距离可分为紧密耦合系统、遥感耦合系统以及远距离耦合系统。紧密耦合系统的工作距离不足 10 厘米；遥感耦合系统的工作距离为 1 米左右，通过电磁感应传输商品的信息；远距离耦合系统的工作范围可达 10～100 米。

④UHF RFID 技术：超高频识别（UHF）技术是近几年新兴起的并迅速被推广的技术，是目前国际上最先进的第四代自动识别技术，它不仅具有识别距离远、准确率高、速度快等特点，还具有抗干扰能力强、使用寿命长、可穿透非金属材料等特点，应用范围广泛。它是为自动采集物品的属性、状态、编号等特征数据推出的一种可以实现数字化、信息化的管理手段，这种管理

手段可广泛应用于生物、动物、物品以及人体等方面的身份自动识别。

3.定位技术。磁导航传感器技术主要利用磁条、磁钉的磁场特性来研究磁信号检测、车辆与磁道、磁道钉之间的相对运动。磁导航传感器配合磁条实现自主导航,该类传感器具有一到多组微型磁场检测传感器,每个磁场检测传感器对应一个探测点。当磁导航传感器位于磁条上方时,每个探测点上的磁场传感器能够将其所在位置的磁带强度转变为电信号,并传输给磁导航传感器的控制芯片,控制芯片通过数据转换就能测出每个探测点所在位置的磁场强度。其具体实施就是在道路上埋设一定的导航设备(如磁道钉或电线),通过变换磁极朝向进行编码,可以向车辆传输道路特性信息。磁导航传感器作为磁导航自动驾驶系统中信号检测的重要设备,具有至关重要的作用。

磁导航技术具有良好的健壮性和可靠性,并且不宜受到外界因素的干扰。目前,我国磁导航技术的研究主要参照永磁体。以智能交通系统为例,国家智能交通系统工程技术研究中心以车道中心线上布设的离散磁道钉为参考标记,通过车载的磁导航感应器探测磁道钉信号进而判断车辆的位置。

磁导航最大的优点是不受风雨等自然条件的影响,即使风沙或大雪埋没路面也一样有效。但磁导航系统的实施过程比较烦琐,且不易维护,变更路径时需要重新埋设磁道钉或磁条。

GPS导航可用于飞机、船舶、车辆及步行者。GPS定位技术可为用户提供随时随地的准确位置信息服务。它的基本原理是将GPS接收机接收到的信号经过误差处理后解算得到位置信息,再将位置信息传给所连接的设备,连接设备对该信息进行一定的计算和变换(如地图投影变换、坐标系统的变换等)后传递给移动终端。

GPS全球卫星定位导航系统,开始时只用于军事目的,后转为民用被广泛应用于商业和科学研究上。GPS使用了24颗卫星,卫星高度约20200千米,分布在六条升交点互隔60°的轨道面上,每条轨道上均匀分布4颗卫星,相邻两轨道上的卫星相隔40°,使得地球任何地方至少同时可看到4颗卫星。传统的GPS定位技术在户外运转良好,但在室内或卫星信号无法覆盖的地方效果较差,而且如果所在位置上空没有3颗以上的卫星,那么系统就无法从冷启动状态实现定位。

传统GPS技术由于过于依赖终端性能,即将卫星扫描、捕获、伪距信号接收及定位运算等工作集于终端一身,从而造成定位灵敏度低及终端耗电量大等问题。CDMA定位技术将终端的工作简化,将卫星扫描及定位运算等最为繁重的工作从终端一侧转移到网络一侧的定位服务器上完成,提高了终端的定位精度、灵敏度和冷启动速度,降低了终端耗电量。

(二)数据传输层

数据传输层包含长距离和短距离两种方式,每种方式都包含有线和无线两种类型。长距离技术包含类似广域网通信技术:早期有广电网、电信网、GPRS,现在是4G、5G、LoRa和NB-IoT等。短距离通信类似局域网技术,其中有线技术包括采用双绞线、同轴电缆以及光纤等方式连接。无线通信方式主要是ZigBee、蓝牙、Wi-Fi等技术。下面着重讲述长距离通信的GPRS、5G、NB-IoT以及LoRa技术和短距离无线通信技术。

1.长距离通信技术。GPRS是通用分组无线业务(General Packet Radio Service)的英文简称,是2G迈向3G的过渡产业,是在全球移动通信系统(Global System for Mobile Communications,GSM)基础上发展出来的一种长距离通信的承载业务,目的是为GSM用户提供分组形式的数据业务。它特别适用于间断的、突发性的、频繁的、少量的数据传输,也适用于偶尔的大数据量传输。GPRS理论带宽可达171.2Kbit/s,实际应用带宽为40~100Kbit/s。除了手机通信以外,包括POS机、共享单车、车载GPRS等移动应用均对其有较广的使用。后期升级为3G、4G、5G等。5G,即第五代移动通信技术(5th Generation Mobile Networks或5th Generation Wireless Systems、5th-Generation,简称5G或5G技术)是最新一代蜂窝移动通信技术,也是4G(LTE-A、WiMax)、3G(UMTS、LTE)和2G(GSM)系统之后的延伸。

5G的性能目标是提高数据传输速率、减少延迟、节省能源、降低成本、提高系统容量和大规模设备连接。Release-15中的5G规范的第一阶段是为了适应早期的商业部署。Release-16的第二阶段于2020年4月完成,作为IMT-

2020 技术的候选提交给国际电信联盟（ITU）。ITU IMT-2020 规范要求传输速率高达 20Gbit/s，可以实现宽信道带宽和大容量 MIMO（多进多出）技术。5G 有 3 个标准，分别是 LTE（授权频道）、LTE-U（非授权频道）和 NB-IoT（授权频道）。

NB-IoT，即基于蜂窝的窄带物联网（Narrow Band Internet of Things，NB-IoT）属于中远距离通信技术，工作频率在 433～912MHz，有效通信距离应该在 5～10 千米以内，是这两年由华为等通信服务商牵头的标准，获得国家的支持，主要面向物联网、智能家居应用，以及在电表、水表、电网等国家基础设施上使用，成为万物互联网络的一个重要分支。5G 技术带来的绝不仅仅是更快的网速，而是使万物智能互联成为可能，而 NB-IoT 俗称 4.5G，是 5G 商用的前奏和基础，除了具有高达 1Gbit/s 的峰值速率，还意味着基于蜂窝物联网的更多连接数，支持 M2M 连接以及更低延时和超低的功耗。因此，NB-IoT 的演进更加重要，如支持组播、连续移动性、新的功率等级等。NB-IoT 技术为物联网领域的创新应用带来勃勃生机，给远程抄表、安防报警、智慧井盖、智慧路灯等诸多领域带来了创新突破。

NB-IoT 与 GPRS 最大的区别在于，NB-IoT 功耗远低于 GPRS，这样可以解决很多应用领域的供电麻烦，而且 NB-IoT 结构相对简单，成本低，使用的频段是免费的，所以既低功耗又低成本，未来可以创造很多原本没有的无线应用。比如，烟感报警器、电网故障检测仪、各类家居传感器和控制器、区域内物体移动监测（手环）、工业流水线监测等。

LoRa 作为低功耗广域网（LPWAN）的一种长距离通信技术，近些年受到越来越多的关注。它是美国 Semtech 公司采用和推广的一种基于扩频技术的超远距离无线传输方案。许多传统的无线系统使用频移键控（FSK）调制作为物理层，因为它是一种实现低功耗的非常有效的调制。LoRa 是基于线性调频扩频调制，它保持了 FSK 调制相同的低功耗特性，但明显地增加了通信距离。LoRa 技术本身拥有超高的接收灵敏度（RSSI）和超强信噪比（SNR）。此外，使用跳频技术，通过伪随机码序列进行频移键控，使载波频率不断跳变而扩展频谱，防止定频干扰。目前，LoRa 主要在全球免费频段运行，包括

433MHz、868MHz、915MHz等。它的最大特点就是传输距离远、工作功耗低、组网节点多。LoRa的终端节点可能是各种设备,如水表气表、烟雾报警器、宠物跟踪器等。这些节点通过LoRa无线通信首先与LoRa网关连接,再通过无线网络或者以太网连接到网络服务器中,网关与网络服务器之间通过TCP/IP协议通信。LoRa网络主要由终端(可内置LoRa模块)、网关(或称基站)、网络服务器以及应用服务器组成,应用数据可双向传输。LoRaWAN网络架构是一个典型的星状拓扑结构,在这个网络架构中,LoRa网关是一个透明传输的中继,连接终端设备和后端中央服务器。终端设备采用单跳与一个或多个网关通信。所有的节点与网关间均是双向通信。

2.短距离通信技术。ZigBee技术是一种无线通信网络技术,其主要是为工业现场自动化控制所需的相关数据传输而建立,具有价格低廉、使用简单、方便、工作可靠等优点。ZigBee网络中的每个节点不仅可以单独连接传感器进行数据采集和监控,还可以作为中转,将其他节点传输的消息传送到相关目标节点。除此之外,ZigBee网络中每个单独的节点还可以和节点覆盖范围之内的孤立节点进行无线连接,这些孤立节点通常不承担网络信息的中转任务。其物理层和介质访问层采用IEEE 802.15.4协议标准;网络层是由ZigBee技术联盟制定;而其应用层则根据用户的需求,对其进行开发利用。ZigBee的技术特性决定它将是无线传感器网络的最好选择。

ZigBee技术作为一种无线连接,工作在2.4GHz、868MHz和915MHz这3个频段,分别具有最高250Kbit/s、20Kbit/s和40Kbit/s的传输速率,它传输的距离在10～75米范围内。作为一种无线的通信技术,ZigBce具有如下特点。

(1)传输速率低:ZigBee的数据传输速率只有10～250Kbit/s,ZigBee无线传输网络专注于低速率传输的应用。同时无线传感器网络不传输语音、视频之类的大数据量的采集数据,仅仅传输一些采集到的温度、湿度之类的数据,所以WSN对传输速率的需要不是那么高。

(2)功耗低:ZigBee设备具有特殊的电源管理模式,网络中的节点工作周期很短,大部分时间处于休眠模式,无线传感器网络(WSN)在休眠状态下的功率只有1μW,工作状态为短距离通信的情况下一般功率为30MW,这也是

ZigBee 的支持者所一直引以为豪的独特优势。由于 WSN 的节点对功耗的需求极其苛刻,传感器节点需要在危险(如战场、核辐射)的区域持续工作数年而不更换供电单元。ZigBee 的耗电符合这一需求。据统计,正常情况下仅用两节五号电池,ZigBee 设备工作时间可长达五年之久。

(3)成本低:因为 ZigBee 数据传输速率低,因此使用的协议简单,ZigBee 协议设计得比较紧凑,降低了芯片制造的难度,所以大大降低了 ZigBee 的成本,这也正是蓝牙系统所不具备的。目前,美国 TI 公司生产的 ZigBee 芯片体积为 6mm×6mm,且配套的开发协议对用户完全免费开源。无线传感器网络中可以具有成千上万的节点,如果不能严格地控制节点的成本,那么网络的规模必将受到严重的制约,从而将严重地制约 WSN 的强大功能。随着半导体集成技术的发展,ZigBee 芯片的体积将会变得更小,成本也会降得更低。

(4)网络容量大:一个 ZigBee 网络的理论最大节点数是 2^{16},也就是 65536 个节点,远远超过蓝牙的 8 个和 Wi-Fi 的 32 个。网络中的任意节点之间都可进行数据通信。由于 WSN 的能力很大程度上取决于节点的多少,也就是说可容纳的传感器节点越多,WSN 的功能越强大。所以,ZigBee 的网络容量大的特点非常符合 WSN 的需要。

(5)有效范围大:ZigBee 网络的有效范围非常大,根据 ZigBee 设备的制作技术,不同节点间的通信距离可以从标准的 75 米无限扩展。对于单个 Zig-Bee 节点可以通过增加发射功率提高通信距离,但是越高的发射功率意味着越高的功耗。在合理的功率发射范围之内,可以通过增加网络节点数量,来解决 ZigBee 网络的远距离通信问题。ZigBee 网络还可以通过接口卡等多种方式,与各种网络以及其他通信系统相连接,从而可以实现远程的操控。也可以通过其他的网络,将两个或多个局部的 ZigBee 网络连接在一起。

(6)工作频段灵活:使用的频段分别为 2.4GHz、868MHz(欧洲)及 915MHz(美国),均为免执照频段,具有 16 个扩频通信信道。相应地,WSN 采取 2.4GHz 工作频段的特性将会更有利于 WSN 的发展。

(7)安全:ZigBee 提供了数据完整性检查和鉴权功能,硬件本身支持 CRC 和 AES 加密算法。网络层加密是通过共享的网络密钥来完成,而设备层是通过唯一的连接密钥在两端设备间完成加密。这一安全特性能很好地适应军事需要的无线传感器网络。

（8）自动动态组网、自主路由：WSN网络是动态变化的，无论是节点的能量耗尽，或是节点被敌人俘获，都能使节点退出网络，而且网络的使用者也希望能在需要的时候向已有的网络中加入新的传感器节点。这就希望WSN具有动态组网、自主路由的功能，而ZigBee技术正好解决了WSN的这一需要。

蓝牙是一种支持设备短距离通信（一般10米内）的无线电技术，能在移动电话、PDA、无线耳机、笔记本计算机、相关外设等众多设备之间进行无线信息交换。蓝牙作为一种小范围无线连接技术，能在设备间实现方便快捷、灵活安全、低成本、低功耗的数据通信和语音通信，因此它是目前实现无线个域网通信的主流技术之一，能够让各种数码设备无线沟通。

蓝牙技术是一种利用低功率无线电在各种3C设备间彼此传输数据的技术。它使用IEEE 802.11协议，工作在全球通用的2.4GHz ISM（即工业、科学、医学）频段，是一种新兴的无线短距离通信。它以低成本的近距离无线连接为基础，为固定设备或移动设备之间的通信环境建立通用的无线电空中接口，将通信技术与计算机技术进一步结合起来，使各种3C设备在没有电线或电缆相互连接的情况下，能在近距离范围内实现相互通信或操作。

例如，蓝牙智能手表可以在用户游泳或外出跑步时收集数据。随后，这些数据会自动传输至智能手机。手表还可以作为中枢设备，与多个其他收集不同数据的可穿戴设备进行信息交换。这些数据会从所有设备中收集起来并汇总，然后传输和记录至智能手机中，以供用户分析和追踪健康状况变化。这在创建支持多个角色的创新产品时具有更高的灵活性，在可穿戴技术日趋成熟和依赖传感器的情况下尤为有用。

Wi-Fi是常用的无线网络技术，几乎所有的智能手机、平板电脑和笔记本电脑都支持Wi-Fi上网，它是当今使用最广泛的一种无线网络传输技术。目前人们用到的Wi-Fi大多基于IEEE 802.11n无线标准，数据传输速率可达300Mbit/s。但是，802.11n正逐步退出物联网舞台，新的802.11ac标准正在进入 Wi-Fi 技术市场,应用新标准的 Wi-Fi,传输速率将增加十倍。

802.11acWi-Fi 技术的理论传输速率虽已达 1Gbit/s,但其实这是整体 Wi-Fi 网络容量,实际上个别 Wi-Fi 设备所分配到的带宽,很少能达到这个标准。因此,IEEE 制定 802.11ax 的目标,着重在改善个别设备的联网效能,尤其是在同一 Wi-Fi 网络环境中,同时支持多个用户连接的情况。

然而,大多数人都在关注 802.11ac 等新一代 Wi-Fi 技术的时候,出现了另一种更快的短距离无线传输技术 WiGig,运行在 60GHz 频段,理论峰值可以达到 7Gbit/s 相比目前广泛部署的 Wi-Fi 技术,其传输距离更短,但是速度却是 802.11n 技术的 10 倍多。这意味着不仅可以在短距离内实现高速传输,还可以避免其他设备干扰,提高频率利用率。

与此同时,WiGig 标准的另一大优势在于它可以跟目前的 Wi-Fi 很好地融合。WiGig 技术很大部分是由传统 Wi-Fi 技术延伸而来的,因此它能够向下兼容 802.11n;当用户距离 AP(热点)较远时,其无线连接将自动选择传输速率较慢但传输距离更远的频段(如 802.11n);而当用户距离 AP 较近时,系统将自动切换到 60GHz 频段,以获得更高的连接速率。此外,在信号加密方面,WiGig 设备兼容 802.11 的 WPA2 加密算法,确保它与现有无线网络的互联互通。

(三)应用层

物联网的应用层相当于整个物联网体系的大脑和神经中枢,该层主要解决计算、处理和决策的问题。应用层的主要技术是基于软件技术和计算机技术,其中,云计算是物联网的重要组成部分。

物联网应用层利用经过分析处理的感知数据,为用户提供丰富的特定服务,包括制造领域、物流领域、医疗领域、农业领域、电子支付领域、环境监测领域、智能家居领域等。物联网的应用可分为监控型(物流监控、污染监控)、查询型(智能检索、远程抄表)、控制型(智能交通、智能家居、路灯控制)、扫描型(手机钱包、高速公路不停车收费)等。

物联网应用层的主要功能是处理网络层传来的海量信息,并利用这些信息为用户提供相关的服务,为最终的目的层级。利用该层的相关技术可以为广大用户提供良好的物联网业务体验,让人们真正感受到物联网对人类生活的巨大影响。其中,合理利用以及高效处理相关信息是物联网应用层急需解决的问题,而为了解决这一技术难题,物联网应用层需要利用中间件、M2M、信息融合等技术。

1.中间件。在物联网构建的信息网络中,中间件主要作用于分布式应用系统,使各种技术相互连接,实现各种技术之间的资源共享。作为一种独立的系统软件,中间件可以分为两部分:一是平台部分;二是通信部分。利用这两部分,中间件可以连接两个独立的应用程序,即使没有相应的接口,亦能实现这两个应用程序的相互连接。中间件由多种模块组成,包括实时内存事件数据库、任务管理系统、事件管理系统等。

总体来说,中间件具有以下特点:一是可支持多种标准协议和标准接口;二是可以应用于OS(Operating System)平台,也可应用于其他多种硬件;三是可实现分布计算,在不受网络、硬件影响的情况下,提供透明的应用和交互服务;四是可与多种硬件结合使用,并满足它们的应用需要。作为基础软件,中间件具有可重复使用的特点。中间件在物联网领域既是基础,又是新领域、新挑战。中间件的使用极大地解决了物联网领域的资源共享问题,它不仅可以实现多种技术之间的资源共享,也可以实现多种系统之间的资源共享,类似于一种能起到连接作用的信息沟通软件。利用这种技术,物联网的作用将被充分发挥出来,形成一个资源高度共享、功能异常强大的服务系统。从微观角度分析,中间件可实现将实物对象转换为虚拟对象的效用,而其所展现出的数据处理功能是该过程的关键步骤。要将有用信息传输到后端应用系统,需要经过多个步骤,如对数据进行收集、汇聚、过滤、整合、传递等,而这些过程都需要依赖于物联网中间件才能顺利完成。物联网中间件能有如此强大的功能,离不开多种中间件技术的支撑,这些关键性技术包括上下文感知技术、嵌入式设备、Web服务、Semantic Web技术、Web of Things等。

2.M2M。M2M的核心功能是实现机器终端之间的智能化信息交互。它是物联网的基础技术之一,通过智能系统将多种通信技术相结合,形成局部感应网络,适用于多个应用领域,如公共交通、自动售货机、自动抄表、城市规划、环境监测、安全防护、机械维修等。M2M技术旨在将一切机器设备都实现网络化,让所有生产、生活中的机器设备都具有通信的能力,实现物物相连的目的。未来将使无数个M2M系统相互连接,便可实现物联网信息系统的构建。总之,M2M技术将加快万物联网的进程,推动人们生产和生活的新变革。

如果将物联网比作一个万物相连的大区间,那么M2M就是这个区间的子集。所以,实现物联网的第一步是先实现M2M。目前,M2M是物联网最普遍也是最主要的应用形式。要实现M2M,需用到三大核心技术,分别是通信技术、软件智能处理技术和自动控制技术。通过这些核心技术,利用获取的实时信息可对机器设备进行自动控制。利用M2M所创造的物联网只是初级阶段的物联网,还没有延伸和拓展到更大的物品领域,只局限于实现人造机器设备的相互连接。在使用过程中,终端节点比较离散,无法覆盖到区域内的所有物品,并且M2M平台只解决了机器设备的相互连接,未实现对机器设备的智能化管理。但作为物联网的先行阶段,M2M将随着软件技术的发展不断向物联网平台过渡,未来物联网的实现将不无可能。

3.信息融合。信息融合又称数据融合,也称为传感器信息融合或多传感器信息融合,是利用计算机技术对按时序获得的若干传感器的观测信息在一定准则下加以自动分析、综合处理,以完成所需的决策和评估任务而进行的信息处理过程。也是一个对从单个和多个信息源获取的数据和信息进行关联及综合,以获得精确的位置和身份估计,以及对态势和威胁极其重要程度进行全面及时评估的信息处理过程。按照数据抽象的不同层次,融合可分为三级,即像素级融合、特征级融合和决策级融合。

(1)像素级融合:指在原始数据层上进行的融合,即各种传感器对原始信息未做很多预处理之前就进行的信息综合分析,这是最低层次的融合。

(2)特征级融合:属于中间层次,它对来自传感器的原始信息进行特征提取,然后对特征信息进行综合分析和处理。

特征级融合可划分为两类:目标状态信息融合和目标特性融合。

特征级目标状态信息融合主要用于多传感器目标跟踪领域。融合系统首先对传感器数据进行预处理以完成数据校准,然后实现参数关联和状态向量估计。

特征级目标特性融合就是特征层联合识别,具体的融合方法仍是模式识别的相应技术,只是在融合前必须先对目标特征进行相关处理,把特征向量分类成有意义的组合。

(3)决策级融合:是一种高层次融合,其结果为指挥控制决策提供依据。因此,决策级融合必须从具体决策问题的需求出发,充分利用特征融合所提取的测量对象的各类特征信息,采用适当的融合技术来实现。决策级融合是三级融合的最终结果,直接针对具体决策目标,融合结果直接影响决策水平。

三、物联网的主要挑战和问题

物联网研究和开发既是机遇,更是挑战。如果能够面对挑战,从深层次解决物联网中的关键理论问题和技术难点,并且能够将物联网研究和开发的成果应用于实际,就可以在物联网研究和开发中获得发展机遇。否则,物联网研究和开发只会浪费时间和资源,再一次错过在科学和技术领域发展的机遇。

快速发展的信息和网络技术使物联网得以广泛地使用,但也对物联网通信技术提出了更高的要求,在物联网的发展和应用中,一系列问题需要被解决和突破。

(一)物联网通信频谱的扩展和分配问题

从理论上讲,在区域内,无线传输电波的频段是不能重叠的,若重叠则会形成电磁波干扰,从而影响通信质量。扩频技术则可以通过重叠的频段来传输信息,这就需要研究扩频通信的技术及规则,使大量部署的以扩频通信为无线传输方式的无线传感器之间的通信不因受到干扰而影响通信质量。

(二)基于智能无线电的物联网通信体系

无线通信方式是物联网控制层内的终端接入网络的首选。但物联网终端数量非常多,需要大量的频段资源以满足接入网络的需求。软件无线电提供了一种建立多模式、多频段、多功能无线设备的有效而且相当经济的解

40

决方案,可以通过软件升级实现功能提高。认知无线电是一种具有频谱感知能力的智能化软件无线电,它可以自动感知周围的电磁环境,通过无线电知识描述语言(Radio Knowledge Representation Language,RKRL)与通信网络进行智能交流,寻找"频谱空穴",并通过通信协议和算法将通信双方的信号参数(包括通信频率、发射功率、调制方式、带宽等)实时地调整到最佳状态,使通信系统的无线电参数不仅能与规则相适应,而且能与环境相匹配,并且无论何时何地都能达到通信系统的高可靠性以及频谱利用的高效性。利用软件无线电及认知无线电,能够很好地解决无线频段资源紧张的问题。

(三)物联网中的异构网络融合

物联网终端具有多样性,其通信协议多样,数据传送的方式也多样,并且它们分别接入不同的通信网络,这就造成了需要大量的中间件系统来进行转换,即形成接入的异构性,尤其在以无线通信方式为首选的物联网终端接入中,该问题尤为突出。

(四)基于多通信协议的高能效传感器网络

无线传感器网络是物联网的核心,但由于无线传感器网络的节点能量是受限的,因此在应用上其寿命受到较大的限制。其中一个重要的原因是通信过程中传输单位比特能量消耗过大,而这是由于通信协议中增加了过多的比特开销,以及收发节点之间的相互认证、等待等能量的开销,因此需要研究高效传输通信协议,以减少传输单位比特能量的开销。

另外,不同类型的无线传感器网络使用不同的通信协议,这就使得各类不同无线传感器网络的接入及配合部署需要协议转换环节,增加了接入和配合部署的难度,同时增加了节点的能量消耗,因此研究多种相互融合的多通信协议栈(包)是无线传感网络发展的趋势。

(五)整合IP协议

物联网的网络传输层及感知控制层的部分物联网终端采用的是IP通信机制,目前IPv4及IPv6两种IP通信方式共存应用,随着IPv6技术的不断发展,其技术应用已得到长足的进步,并已初步形成自己的技术体系,具有IPv6技术特征的网络产品、终端设备、相关应用平台的不断推出与更新,也加快了 IPv6 的发展,并且随着移动设备功能的不断加强,商业应用不断普及,虽然 IPv4 协议解决了节点漫游的问题,但大量的物联网传感设备的布置需要更多的 IP 地址资源,研究两个协议共同应用的自动识别与转换技术,以及克服 IP 通信带来的 QoS(Quality of Service,服务质量)不稳定及安全隐患是 IP 网络技术需要进一步解决的问题。

四、物联网应用领域

随着计算机技术和通信技术的快速发展,物联网技术已经应用于人们生活的方方面面,不久的未来,物联网技术将全面改变人们的生活方式和工作方式,人类社会将会发生极大的改变。

(一)智慧城市

智慧城市是利用物联网、移动通信等技术,整合各种行业数据,建设一个包含行政管理、城市规划、应急指挥、决策支持、社交等综合信息的城市服务、运营管理系统。

智慧城市管理涉及公安、娱乐、餐饮、消费、医疗、土地、环保、城建、交通、环卫、规划、城管、林业和园林绿化、质监、食药、安监、水电、电信等领域,还包含消防、天气等相关业务。以城市管理要素为核心,以事项为相关行动主体,加强资源整合、信息共享和业务协同,实现政府组织架构和工作流程优化重组,推动管理体制转变。

(二)智慧医疗

智慧医疗利用物联网和传感器技术,将患者与医务人员、医疗机构、医疗设备有效地连接起来,使整个医疗过程信息化、智能化。智慧医疗系统搜索、分析和引用大量证据来支持自己的诊断,并通过网络技术实现远程诊断、远程会诊、智能决策、智能处理等功能。建立不同医疗机构之间的医疗信息集成平台,整合医院之间的业务流程,共享和交换医疗信息和资源,跨医疗机构还可以实现网上预约和双向转诊,使得小病在社区医院、大病住院的分级医疗模式成为现实,极大地提高了医疗资源的合理配置,真正做到了以患者为中心。

(三)智慧交通

智慧交通系统是信息技术、数据通信技术、电子传感技术、控制技术在整个交通管理系统中的综合应用,是一个功能齐全、实时、准确、高效的综合运输管理系统。智慧交通可以有效利用现有交通设施,减轻交通负荷和环境污染,保障交通安全,提高运输效率。智慧交通的发展有赖于物联网技术的发展。随着物联网技术的不断发展,智慧交通系统可以越来越完善。

(四)智慧物流

2009 年,IBM 提出建立面向未来的供应链,具有先进、互联和智能的特征,可以通过传感器、RFID 标签、GPS 等设备和系统生成实时物品流动信息,于是出现了智慧物流的概念。与基于传统 Internet 的管理系统不同,智慧物流更注重物联网、传感器和网络的融合,并以各种应用服务系统为载体。

(五)智慧校园

智慧校园将学校教学、科研、管理与校园资源、应用系统融为一体。以实施智能服务和管理的园区模式。智慧校园的三大核心特征:一是为师生提供全面的智能感知环境和综合信息服务平台,按角色提供个性化的服务;二是将基于计算机网络的信息服务整合到各学校的应用和服务领域,实现互联协作;三是通过智能感知环境服务平台和综合信息服务平台,为学校与外界提供相互沟通、相互感知的接口。

(六)智能家居

智能家居以家居生活为基础,运用物联网技术、网络通信技术、安保防范、自动控制技术、语音视频技术,高度集成了与家庭生活相关的器件设施,建成了高效的居住智能设施。智能家居包括家庭网络、网络家电和信息家电。在功能方面,包括智能灯光控制、智能家电控制、安防监控系统、智能语音系统、智能视频技术、视觉通信系统、家庭影院等,智能家居让家庭环境更加舒适宜人。

(七)智能电网

智能电网是以实体电网为基础的,它结合了现代先进的传感器测量技术、通信技术、信息技术和控制技术,与物理电网高度融合,形成新的电网。

在融合物联网技术、高速双向通信网络的基础上,通过应用先进的传感测量技术、先进的设备、先进的控制方法和先进的决策支持系统,实现安全可靠用电。

(八)智慧工业

近几年,工业生产的信息化和自动化取得巨大的进步,但是各个系统间的协同工作并没有得到很大的提升,它们之间还是相对独立的。现在利用先进的物联网技术,与其他先进技术相结合,各个子系统之间可以有效地连接起来,使工业生产更加高效,实现真正的智能化生产和智慧工业。

(九)智慧农业

智慧农业是通过农业生产现场的各种传感器,在各种物联网设备和无线通信网络支持下,实现农业生产环境的智能感知、智能预警、智能决策、智能分析和专家在线指导,提供了精准种植和精准养殖相结合的可视化管理和智能决策系统。

第二章 机器学习

第一节 机器学习内容

一、机器学习的概念

(一)学习

机器学习的核心是学习,关于学习至今还没有一个精确的、能被公认的定义。目前,对学习这一概念研究的观点主要有以下几种。

1.按照人工智能大师西蒙的观点。学习就是系统在不断重复的工作中对本身能力增强或改进,使得系统在下一次执行同样任务或类似任务时,会比现在做得更好或效率更高。

2.专家系统研究人员的观点。学习就是获取知识的过程。由于知识获取一直是专家系统建造中的主要问题之一,因此科研人员希望通过对机器学习的研究,实现对知识的自动获取。

3.心理学家对于学习活动有不同的见解。目前,心理学家大致分为三派:一派主张学习是条件反射作用;一派主张学习是刺激与反应的联结;一派提出"领悟说",认为学习是重新组织已有的知觉、经验,掌握与领悟情景中各因素间的新关系,从而使问题得以解决。

4.工程控制专家蔡普金的观点。学习是一种过程,是通过对系统重复输入各种信号,并从外部校正该系统,从而使系统对特定的输入具有特定响应;自学习就是不具外来校正的学习,即不具奖罚的学习,它不给系统响应正确与否的任何附加信息。

45

综合上述观点我们可以认为学习是一个有特定目的的知识获取过程,其内在行为是获取知识、积累经验直至发现规律;其外部表现是改进性能、适应环境和实现系统的自我完善。

(二)机器学习

机器学习是研究如何使用计算机来模拟人类学习活动的一门学科。稍严格的提法是机器学习是一门研究计算机获取新知识和新技能并识别现有知识的方法。

机器学习的研究工作主要从以下三个方面进行:学习机理的研究,即通过对人类获取知识技能和抽象概念能力的研究,从根本上解决机器学习中存在的种种问题;学习方面的研究,即通过对人类的学习过程、各种可能的学习方法的探索研究,建立起独立于具体应用领域的学习算法;面向任务的研究,通过对特定任务要求的研究,建立起相应的学习系统。

二、学习系统

所谓学习系统是指能在一定程度上实现机器学习的系统。1973年萨里斯认为学习系统能够学习有关的未知信息,并用所学信息作为进一步决策和控制的经验,从而逐步改善系统的性能。类似的定义是若一个系统能够学习某一过程或环境的未知特征的固有信息,并用所得经验进行估计、分类、决策或控制,使得全系统的品质得到改善,则称该系统为学习系统。不难理解,一个学习系统应具有如下的条件和能力。

(一)适当的学习环境

这里所说的环境是指学习系统进行学习时的信息来源,若学习系统不具有适当的环境,则其就失去了学习和应用的基础,不能实现机器学习。对不同的学习系统及不同的应用,其环境一般是不相同的。

(二)具有一定的学习能力

除了上述的学习环境,学习系统还必须有合适的学习方法及一定的学习能力。学习过程是系统与环境相互作用的过程,是边学习、边实践,然后再学习、再实践的过程。学习系统也是通过与环境相互作用逐步学到有关知识的,而且在学习过程中要通过实践验证、评价所学知识的正确性。

（三）能运用学到的知识求解问题

学习系统应能把学到的信息用于未来的估计、分类、决策或控制,做到学以致用。

（四）能提高系统的性能

学习系统通过学习应能增长知识,提高技能,改善系统的性能,使其能完成原来不能完成的任务,或比原来做得更好。

三、机器学习策略类型

学习是一项复杂的智能活动,学习过程与推理过程二者紧密相连,学习中使用的推理方法称为学习策略。学习系统中的推理过程实际上就是一种变换过程,它将系统外部提供的信息变换为符合系统内部表达的形式,以便对信息进行存储和使用。这种变换的性质决定了学习策略的类型为机械学习、通过传授学习、类比学习和通过事例学习。

（一）机械学习

机械学习就是记忆,是最简单的学习策略。这种学习策略不需任何推理过程;外界输入的知识表示方式与系统内部的表示方式完全一致,不需要任何处理与转换。虽然机械学习在方法上看似简单,但由于计算机的存储容量相当大,检索速度又相当快,且记忆精度无丝毫误差,所以也会产生难以预料的效果。

（二）通过传授学习

对于使用该种策略的系统来说,外界输入知识的表达方式与内部的表达方式不完全一致,系统接受外部知识时需要一点推理、翻译和转化的工作。

（三）类比学习

该系统只能得到完成类似任务的有关知识,即在遇到新的问题时,可学习以前解决过的相类似问题的解决办法,来解决当前的问题,因此,寻求与当前问题相似的已知问题就很重要,并且必须要能够发现当前任务与已知任务的相似之处,由此制定出完成当前任务的方案。因此,它比上述两种学习策略需要更多推理。

(四)通过实例学习

系统事先完全没有完成任务的任何规律性信息,所得到的只是一些具体的工作例子及工作经验。系统需要对这些例子及经验进行分析、总结和推广,得到完成任务的一般性规律,并在进一步工作中验证或修改规律,因此它需要的推理是最多的。

四、机器学习系统设计的影响因素

机器学习系统设计影响因素主要有以下几个。

(一)环境

环境是指系统获取知识和信息的来源及执行对象等。例如,医疗专家系统的病员、病历档案、医生、诊断书等;模式识别系统的文字、图像、景物;博弈系统的对手、棋局;智能控制系统的被控对象和生产过程等。总之,环境就是为学习系统提供获取知识所需的相关对象素材或信息,如何构造高质量、高水平的信息,将对学习系统获取知识的能力产生很大影响。一般高水平的信息比较抽象,适用于更广泛的问题;低水平的信息比较具体,仅适用于个别问题。若环境提供的是高水平的信息,与一般原则的差别就比较小,则学习环节就比较容易处理,只需补充一些与该对象相关的细节即可。若环境提供的是指导执行具体动作的杂乱无章的低水平信息,则学习环节需要在获得足够数据之后,删除不必要的细节,进行总结推广,形成指导动作的一般原则,放入知识库,这样学习环节的任务就比较繁重,设计起来也较为困难。

(二)学习环节

该环节通过对环境的搜索获得外部信息,并将这些信息与执行环节所反馈回来的信息进行比较。一般情况下,环境提供的信息水平与执行环节所需的信息水平之间往往有差距,经分析、综合、类比和归类等思维过程,学习环节就要从这些差距中获取相关对象的知识,并将这些知识存入知识库中。

(三)知识库

知识库是影响机器学习系统设计的重要因素。知识库中常用的知识表示法有谓词逻辑法、产生式规则法、语义网络法和框架法等。这些表示方法各有特点,在选择表示方法时要考虑以下四个方面。

1.所选择的知识表示方法是否能够准确表达有关知识。所选择的知识表示方法要能很容易且较准确地表达有关的知识,不同的表示方法适用于不同的知识对象。例如,框架表示法适用于表达结构性知识,它能够把知识的内部结构关系及知识间的联系表示出来;谓词逻辑表示法则适用于表示具有二值逻辑的精确性知识,并能保证经演绎推理所得结论的精确性。

2.推理难易程度。在具有较强表达能力的基础上,为了降低学习系统的计算代价,人们总希望知识表示方法能使推理较为容易。例如,要表示"教职员工"和"教师"间的类属关系,并通过这种类属关系推理求解具有某些特性的教师,利用框架法就比较容易实现这种推理,而用谓词逻辑法实现这种推理就比较困难。

3.知识库修改的难易。学习系统本身要求其能不断修改自己的知识库,当推理得出一般的执行规则后,就要把它加到知识库中;当发现某些规则不适用时要能将其删除。因此,学习系统的知识表示,一般都采用明确、统一的方式,以利于知识库的修改。显式知识表示方法,如谓词逻辑、产生式规则等就易于实现知识库的修改;隐式知识表示方法,如过程表示、语义网络等就难于修改。从理论上看,知识库的修改是个较为困难的课题,因为新增加的知识可能与知识库中原有的知识相矛盾,所以有必要对整个知识库做全面调整;由于删除某一知识也可能使许多其他的知识无效,因此需要做进一步全面检查。

4.知识是否易于扩展。随着系统学习能力的提高,单一的知识表示法已不能满足需要,一个系统有时同时使用几种知识表示方法,以便于学习更复杂的知识;有时还要求系统自己能构造出新的表示方法,以适应外界信息不断变化的需要。

(四)执行环节

执行环节是整个学习系统的核心,用于处理系统面临的现实问题,即应用知识库中所学到的知识求解问题,并对执行的效果进行评价,将评价的结果反馈回学习环节,以便系统进一步学习。

1.任务的复杂性。解决复杂的任务比解决简单的任务需要更多的知识。例如,二分分类是最简单的任务,仅需要一条规则;稍复杂的玩扑克牌的任务需要大约二十条规则;复杂的医疗诊断专家系统MYCIN则需要使用几百条规则。

2.反馈信息。当通过执行环节解决完当前问题后,根据执行的效果,系统要给学习环节一些反馈信息,以便改善学习环节的性能。所有的学习系统必须以某种方式评价执行环节的效果,一种评价方法是用独立的知识库专门从事这种评价,然而另一种最常用的方法是以外部环境作为客观的评价标准,系统判定执行环节是否按这个预期的标准工作,并由此反馈信息来评价学习环节所学到的知识。

3.执行过程的透明度。其要求从系统执行环节的动作效果可以很容易对知识库的规则进行评价。例如,下完一盘棋之后从输赢总的效果判断所走每一步的优劣比较困难,但若记录了每一步之后的局势,从局势判断优劣则比较直观和容易。

第二节　解释学习

解释学习是近年来出现的一种机器学习方法。这种方法是通过运用相关的领域知识,然后对当前提供的实例进行分析,构建解释结构,然后对解释进行推广得到相应知识的一般性描述。

一、解释学习的概念

解释学习与类比学习和归纳学习不同,它是通过运用相关的领域知识及一个训练实例来对某一目标概念进行学习,并最终生成这个概念的一般描述的可形式化表示框架。

解释学习的一般框架如下。

给定:领域知识、目标概念、训练实例、操作性准则。

找出:满足操作性准则的关于目标概念的充分条件。

其中,领域知识是相关领域的事实和规则,在学习系统中作为背景知识,用于证明训练实例为什么可作为目标概念的一个实例,从而形成相应的解释;目标概念是要学习的概念;训练实例是为学习系统提供的一个例子,在学习过程中起着重要的作用,它应能充分地说明目标概念;操作性准则用于指导学习系统对描述目标的概念进行取舍,使得通过学习产生的关于目标概念的一般性描述成为可用的一般性知识。

由上述描述可以看出,在基于解释的学习中,为了对某一目标概念进行学习,得到相应的知识,就必须为学习系统提供完善的领域知识及能说明目标概念的训练实例。系统进行学习时,应首先运用领域知识找到训练实例为什么是目标概念之实例的解释,然后根据操作性准则对解释进行推广,从而得到关于目标概念的一个一般性描述,即一个可供以后使用的形式化表示的一般性知识。

二、解释学习的过程

解释学习的学习过程一般分为以下两个步骤进行。

(一)构建解释结构

这一步的任务是要解释提供给系统的实例为什么是满足目标概念的一个实例,其解释的过程是通过领域知识进行演绎推理而实现的,解释的结果是得到一个解释结构。

用户输入实例后,系统首先会进行问题求解,若由目标引导反向推理,则要从领域知识库中寻找有关规则,使其后件与目标匹配。找到这样的规则后,就把目标作为后件,该规则作为前件,并记录这一因果关系,然后以规则的前件作为子目标,进一步分解推理,如此反复,沿着因果链,直到求解结束。一旦得到解,便解释了该问题的目标是可以满足的,并最后获得了一个解释结构。

构建解释结构通常有两种方式:一种是将问题求解的每一步推理所用的算子进行汇集,构成动作序列作为解释结构;另一种是采用自顶向下的方法对解释树的结构进行遍历。前者比较概括,略去了关于实例的某些事实描述;后者比较细致,每个事实都出现在解释树中。解释的构建既可以在问题求解时进行,也可以在问题求解结束后沿着解的路径进行,因此形成了边解边学和解完再学的两种不同方法。

(二)获取一般性的知识

这一步的任务是对上一步得到的解释结构进行一般化处理,从而得到关于目标概念的一般性知识。其处理的方法通常是将常量转化为变量,即把例子中的某些不重要的信息去掉,只保留求解所必需的那些关键信息,经过某种方式的组合,形成产生式规则,从而获得以后可应用的一般性知识。

当以后求解类似问题时,可直接利用这个知识求解,这就提高了系统求解问题的效率。

三、解释学习的例子

为了具体了解解释学习的学习过程,可先举一个简单的例子。假设要学习的目标概念是年轻人总比年纪大的人更充满活力,并已知如下事实。

一个实例,小甲比他的父亲更充满活力。

一组领域知识。

假设这一组领域知识能解释给出的实例就是目标概念的例子。

解释学习时,系统首先利用领域知识,找到所提供的实例的解释,即小甲之所以比他父亲更充满活力,是由于他比他的父亲年纪轻;然后对此解释进行一般化推广,即任何一个儿子都比父亲年纪轻;由此可得出结论:任何一个儿子都比他的父亲更充满活力。这就是解释学习所要学习的最终描述。

四、领域知识的完善性

在基于解释的学习系统中,系统通过运用领域知识逐步进行演绎,最终构建出训练实例满足目标概念的解释。在这一过程中,领域知识的完善性对产生正确的学习描述起着重要的作用,若领域知识不完善,则有可能导致以下两种极端情况。

第一,构建不出解释。这一般是由于系统中缺少某些相关的领域知识,或者是领域知识中包含了矛盾等错误引起的。

第二,构建出了多种解释,这是由于领域知识不健全,已有的知识不足以把不同的解释区分开来造成的。

解决上述问题最根本的办法就是提供完善的领域知识,另外系统也应具有测试和修正不完善知识的能力,使问题尽早发现、尽快解决。

第三节 类比学习

类比是人类认识世界的一种重要方法,也是诱导人们学习新事物,进行创造性思维的重要手段。类比学习就是通过类比,即通过对相似事物进行比较所进行的学习。类比学习的基础是类比推理,近年来由于对机器学习需求的增加,类比推理越来越受到人工智能、认知科学的重视,科研人员希望通过对类比推理的研究帮助其探讨人类求解问题及学习新知识的机制。

一、类比推理

所谓类比推理是指由于新情况与记忆中的已知情况在某些方面相似,从而推出它们在其他相关方面也相似。例如,有人说张三是个"活雷锋",别人立刻就可知道张三是个乐于助人的人。原因是人们把张三的行为和雷锋的行为进行了类比,这时张三是个什么样的人已在头脑中形成。显然,类比推理是在两个相似域之间进行的,即一个是已经认识的域,称为源域S,它包括曾经解决过相类似的问题及相关的知识;另一个是当前尚未完全认识的域,称为目标域T,它是遇到的新问题。类比推理的目的是从S中选出与当前问题最近似的问题及其求解方法来求解当前问题,或者建立起目标域中已有命题间的联系,形成新知识。

类比推理的过程可分为以下四步。

(一)回忆与联想

在遇到新情况或新问题时,系统首先通过"回忆"与"联想"在S域中找到与当前相似的情况,这些情况是过去已经处理过的,有现成的解决方法及相关的知识。但找出的相似情况可能不止一个,因此可依其相似度从高到低进行排序。

（二）选择

从上一步找出的相似情况中选出与当前情况最相似的情况及有关知识。在选择时，相似度越高越好，这有利于提高推理的可靠性。

（三）建立对应关系

这一步的任务是在S与T的相似情况之间建立相似元素的对应关系，并建立起相应的映射。

（四）转换

这一步的任务是在上一步建立的映射下，把S中的有关知识引到T中来，从而建立起求解当前问题的方法或者学习到关于T的新知识。

以上每一步都有一些具体的问题需要解决，下面就结合两种具体的类比学习方法对其进行讨论。

二、属性类比学习

属性类比学习是根据两个相似事物的属性实现类比学习。该系统中源域和目标域都是用框架表示的，框架的槽用于表示事物的属性，其学习过程是把源框架中的某些槽值传递到目标框架的相应槽中去，此种传递分为以下两步：①利用源框架产生推荐槽，这些槽的值可传送到目标框架；②利用目标框架中已有的信息来筛选由第一步推荐的相似性。

在"肖锋像辆消防车"这个例子中，考虑肖锋与消防车之间的相似。关于肖锋与消防车的框架如下。

肖锋	是一个（ISA）	人
	性别	男
	活动级	
	音量	
	进取心	中等
消防车	是一辆（ISA）	车辆
	颜色	红
	活动级	快
	音量	极高

燃烧效率	中等
梯高	异常(长,短)

进取心　是一种(ISA)　个人品德

其中,消防车是源框架,肖锋是目标框架,其目的是用消防车的信息来扩充肖锋的内容。因此,先得推荐一组槽,它们的值可以传送,为此可用如下启发式规则:①选择那些用极值填写的槽;②选择那些已知为重要的槽;③选择那些与源框架没有密切关系的槽;④选择那些填充值与源框架没有密切关系的槽;⑤使用源框架中的一切槽。

这组规则用来寻找一种好的传递,对上述例题,将有下面一些结果:一是活动级槽和音量级槽填有极值,因此它们首先入选;二是若上述不存在,则根据规则②选择那些标记为特别重要的槽。本例无此情况;三是下一规则将选择梯高槽,因为该槽不出现在其他类型的车辆中;四是下一规则将选颜色槽,因为其他车辆大部分不是红色;五是最后一条规则,若用它,则消防车的所有槽均为可能相似。

在从源框架被选择的槽中建立一组可能的传递框架之后,就必须用目标框架的知识来筛选它们。这些知识体现在下面一组筛选启发规则中:一是在目标框架中选择那些尚未填写的槽;二是选择那些在目标框架中为"典型"实例的槽;三是若上一步无可选槽,则选那些与目标有密切关系的槽;四是若仍无什么可选,则选那些与目标中的槽相似的槽;五是若仍无什么可选,则选那些与目标有密切关系的槽相似的槽。

在本例中,应用上述规则如下:第一,规则①将不消除任何推荐的槽;第二,规则②选了活动级槽和音量槽,因为它们典型地出现在关于人的框架中。如本例所示,尽管没有值,它们还是放在了肖锋的框架中;第三,若那些槽未被推荐,后面的规则将选择那些出现在其他关于人的框架中的槽;第四,若活动级槽和音量槽未清楚地标明为典型人的一部分,它们仍会被选上。因存在进取心槽,而进取心表示个人品德这一事实是众所周知的。其他个人品德也该选上;第五,若进取心对肖锋是未知的,而对其他人是已知的,则别的个性槽将被选上。

处理结束时,关于肖锋的描述框架如下。

肖锋　　　是一个(ISA)　　　人

　　　　　性别　　　　　男

　　　　　活动级

　　　　　音量

　　　　　进取心　　　　中等

正如已研究过的其他学习过程一样,此过程也依靠以下几方面实现:①知识表示。知识表示就是用框架来表示要比较的对象,通过ISA分层结构,找出被比较对象之间的密切关系;②问题求解。问题求解采用生成测试法,首先生成可能的类似物,再挑最佳物。

因为类比是问题求解和学习的有效形式,所以它正引起人们的足够注意。

三、转换类比学习

转换类比学习法又称为"中间—结局分析"法,是纽厄尔等人在其完成的通用问题求解程序中提出的一种问题求解模型,它求解问题的基本过程如下:①把问题的当前状态与目标状态进行比较,找出它们之间的差异。根据差异找出一个可减小差异的算符;②若该算符可用于当前状态,则用该算符把当前状态改变为另一个更接近目标的状态;若该算符不能用于当前状态,即当前状态所具备的条件与算符所要求的条件不一致,则保留当前状态,并生成一个子问题,然后对此子问题再应用此法;③当子问题被求解后,恢复保留的状态,继续处理原问题。

转换类比学习由外部环境获得与类比有关的信息,学习系统找出和新问题相似的与旧问题有关的知识,并把这些知识进行转换使之适用于新问题,从而获得新的知识。

转换类比学习主要由回忆过程和转换过程组成。

回忆过程用于找出新、旧问题间的差别,具体如下:①新、旧问题初始状态的差别;②新、旧问题目标状态的差别;③新、旧问题路径约束的差别;④新、旧问题求解问题可应用度的差别。

由这些差别就可求出新、旧问题的差别度,其差别度越小,表示两者越相似。

转换过程是把旧问题的求解方法经适当变换后,使之成为新问题的求解方法。变换时,其初始状态是与新问题类似的旧问题的解,即一个算符序列,目标状态是新问题的解。变换中要用"中间—结局分析"法来减少目标状态与初始状态间的差异,使初始状态逐步过渡到目标状态,即求出新问题的解。

尽管人类表现出具有从任何任务中吸取经验的普遍能力,而且类比学习具有很多优点,但是由于类比学习是一种深层的知识学习行为,所以它需要大量的领域知识,如何表示和检索这些领域知识是一项相当棘手的任务。另外,类比学习不应该作为一种孤立的学习行为而存在,多个类比的结合以及类比和理论知识的结合会更易解决面临的问题,还有类比本身存在着模糊的、不确定的因素,要在形式系统的范畴下解决类比有效性的问题是相当困难的,因此成功的类别学习系统还不多。

第三章 专家系统

第一节 专家系统的内容

专家系统是一个具有大量的专门知识与经验的程序系统,它应用人工智能技术和计算机技术,根据某一个或多个专家提供的知识和经验,进行推理和判断,模拟人类专家的决策过程,以便解决需要人类专家处理的复杂问题。简而言之,专家系统是一种模拟人类专家解决相关领域问题的计算机程序系统。专家系统虽然是一种计算机程序,但与一般程序相比,又有不同之处。

一、专家系统发展简况

专家系统发展经历了三个阶段,正向第四代过渡和发展。第一代专家系统以高度专业化、求解专门问题的能力强为特点,但在体系结构的完整性、可移植性等方面存在缺陷,求解普遍问题的能力弱。第二代专家系统属单学科专业型、应用型系统,其体系结构较完整,移植性方面也有所改善,而且在系统的人机接口、解释机制、知识获取技术、不确定推理技术、增强专家系统的知识表示和推理方法的启发性、通用性等方面都有所改进。第三代专家系统属多学科综合型系统,是采用多种人工智能语言,综合采用各种知识表示方法和多种推理机制及控制策略,并开始运用各种知识工程语言、骨架系统及专家系统开发工具来研制的大型综合专家系统。在总结前三代专家系统的设计方法和实现技术的基础上,科研人员已开始采用大型多专家协作系统、多种知识表示、综合知识库、自组织解题机制、多学科协同解题与并

58

行推理、专家系统开发工具、人工神经网络知识获取及学习机制等最新人工智能技术来建设具有多知识库、多主体的第四代专家系统。

二、专家系统的基本结构

专家系统的基本结构包括两个主要部分:知识库和推理机。这种结构比较简单,知识工程师与领域专家直接交互,收集与整理领域专家的知识,将其转化为系统的内部表示形式并存放到知识库中。知识库中存放求解问题所需要的知识,推理机负责使用知识库中的知识去解决实际问题。推理机根据用户的问题求解要求和所提供的初始数据,运用知识库中的知识对问题进行解答,并将产生的结果输出给用户。知识库与推理机相互分离,是专家系统透明性和灵活性的必要保证。

专家系统的一般结构包括六个部分:知识库、推理机、综合数据库、人机接口、解释程序以及知识获取程序。其中知识库、推理机和综合数据库是目前大多数专家系统的主要内容,而知识获取程序、解释程序和专门的人机接口是所有专家系统都期望具有的三个模块,但它们并不是都得到了实现。

三、专家系统类型

专家系统可以按不同的方法分类。通常,可以按应用领域、知识表示方法、控制策略、任务类型等分类。如按任务类型来划分,可把其分为下列几种类型。

(一)解释专家系统

解释专家系统的任务是通过对已知信息和数据的分析与解释,确定它们的含义。

(二)预测专家系统

预测专家系统的任务是通过对过去和现在已知状况的分析,推断未来可能发生的情况。

(三)诊断专家系统

诊断专家系统的任务是根据观察到的情况(数据)来推断出某个对象机能失常(即故障)的原因。

(四)设计专家系统

设计专家系统的任务是根据设计要求,求出满足设计问题约束的目标配置。

(五)规划专家系统

规划专家系统的任务在于找出某个能够达到给定目标的动作序列或步骤。

(六)监视专家系统

监视专家系统的任务在于对系统、对象或过程的行为进行不断观察,并把观察到的行为与其应当具有的行为进行比较,以发现异常情况,发出警报。

(七)控制专家系统

控制专家系统的任务是自适应地管理一个受控对象或客体的全面行为,使之满足预期要求。

(八)调试专家系统

调试专家系统的任务是对失灵的对象给出处理意见和方法。

(九)教学专家系统

教学专家系统的任务是根据学生的特点、弱点和基础知识,以最适当的教案和教学方法对学生进行教学和辅导。

(十)修理专家系统

修理专家系统的任务是对发生故障的对象(系统或设备)进行处理,使其恢复正常工作。

此外,还有决策专家系统和咨询专家系统等。

按求解问题来分类,有分类问题和构造问题两大类。求解分类问题的专家系统称为分析型专家系统,广泛应用于解释、诊断、调试等类型的任务;求解构造问题的专家系统称为设计型专家系统,广泛应用于设计等类型的任务。

按知识表示技术可分为基于逻辑的专家系统、基于规则的专家系统、基于语义网络的专家系统和基于框架的专家系统。

四、专家系统的特点

专家系统具有下列三个特点。

(一)启发性

专家系统能运用专家的知识与经验进行推理、判断和决策。世界上的大部分工作和知识都是非数学性的,只有一小部分人类活动是以数学公式或数字计算为核心(约占8%),即使是化学和物理学科,大部分也是通过推理进行思考的。对于生物学、大部分医学和全部法律,情况也是如此。企事业管理的思考几乎全靠符号推理,而不是数值计算。

(二)透明性

专家系统能够解释本身的推理过程和回答用户提出的问题,以便让用户能够了解推理过程,提高对专家系统的信赖感。例如,一个医疗系统诊断某个病人患有肺炎,而且必须用某种抗生素治疗,就像一位医疗专家对病人详细解释病情和治疗方案一样。

(三)灵活性

专家系统能不断地增长知识,修改原有知识,不断更新。由于这一特点,使得专家系统具有十分广泛的应用领域。

第二节 不确定性推理

一、概述

推理是从已知事实出发,通过运用相关知识逐步推出结论或者证明某个假设成立或不成立的思维过程。其中,已知事实和知识是构成推理的两个基本要素。已知事实又称为证据,用以指出推理的出发点及推理时应该使用的知识;而知识是推理得以向前推进,并逐步达到最终目标的依据。

专家系统中的推理方法分为精确推理和不精确推理。所谓精确推理就是把领域知识表示为必然的因果关系,并根据数理逻辑或形式逻辑进行推理的方法。推理的前提和推理的结论或者是肯定的,或者是否定的,不存在第三种可能。在基于规则的推理中,一条规则被激活的条件是它的所有前提都必须为真。但在现实世界中,有许多事情并不总是表现出明显的是与非、真与假,许多现象是不严格的、不完备的,许多概念是模糊的、不确切的,因此很难用精确的推理方法进行表达和处理。在专家系统的开发过程中,如何表示和处理这类不确定知识,使系统具有领域专家求解问题的能力,就成为一个非常重要的问题。

专家系统针对特定领域的问题进行解答,不仅依赖于特定领域确定的理论知识,而且更多依赖于专家的经验和常识。由于现实世界中客观事物或现象的不确定性,导致了人们在各认识领域中所依赖的信息和知识大多是不精确的,这就要求专家系统中的知识表示和处理模式能够反映这种不确定性。因此,如何表示和处理知识的不确定性也就成为人工智能研究的重要课题之一。

二、确定因子法

确定因子法是 MYCIN 专家系统中使用的不确定性推理方法。该方法以确定性理论为基础,来刻画不确定性。

三、主观 Bayes 方法

概率推理的理论比较完备,计算比较准确,但要取得先验概率是一件很困难的工作,为此人们对其加以改进,主观 Bayes 方法就是其中的一种改进方法。

主观 Bayes 方法的主要优点如下:

主观 Bayes 方法中的计算公式大多是在概率论的基础上推导出来的,具有较坚实的理论基础。

主观 Bayes 方法不仅给出了在证据肯定存在、肯定不存在情况下由先验概率更新为后验概率的方法,而且还给出了在证据不确定情况下更新先验概率为后验概率的方法。另外,由其推理过程可以看出,它确实实现了不确定性的逐级传递。因此,可以说主观 Bayes 方法是一种比较实用且较灵活的不确定性推理方法。

主观Bayes方法的主要缺点如下：

Bayes定理中关于事件间独立性的要求使主观Bayes方法的应用受到了限制。

要求具有指数级的先验概率,这种"组合爆炸"会不可避免地导致其对给定的定义域强行实行对假设进行有效或无效简化。

四、D-S证据理论

D-S证据理论是由登普斯特提出,由他的学生谢弗发展起来的一种推理形式,简称为D-S理论。该理论引进了信任函数,这些函数可以满足比概率函数的公理还要弱的公理,因而可以用来处理由"不知道"所引起的不确定性。该理论引入信任函数而非采用概率来量度不确定性,并引用似然函数来处理由不知道引起的不确定性,从而在实现不确定推理方面显示出很大的灵活性。证据理论可以满足比概率更加弱的公理体系,当概率值已知的时候,证据理论就变成概率论了。

D-S证据理论的优点如下:①如果确定的条件满足的话,那么信息和时间复杂度可能较低;②证据理论是概率论的推广,它通过引入信任函数来区分信息的不确定和不知道,它所定义的函数满足一些比概率论弱得多的公理。

D-S证据理论的缺点如下:①其往往要进行证据独立的假设,正如Bayes方法一样,此假设并非总是合理;②组合规则无理论支持;③潜在的指数复杂度较高。

五、可能性理论

知识的模糊性是由模糊性信息引起的,其外延不清晰,描述的是亦此亦彼的现象。可能性理论是扎德于1978年提出的,它的理论基础是其本人于1965年提出的模糊集合论。将模糊集合论应用于专家系统中处理不确定性知识的方法称为可能性理论方法。正如概率论处理的是由随机性引起的不确定性一样,可能性理论处理的是由模糊性引起的不确定性。

模糊知识的表示:模糊产生式规则的一般形式如下。

$$if\ E\ then\ H\ (CF,\lambda)$$

式中：E——用模糊命题表示的模糊条件；

H——用模糊命题表示的模糊结论；

CF——该产生式规则所表示的知识可信度因子。

在可能性理论中主要利用模糊变换进行知识的处理，常用的方法有模糊综合评判和模糊推理。

可能性理论的优点如下：①信息和时间复杂度均较低（这取决于算子的定义和所使用的特定方法）；②对由词汇的不精确性而引起的问题是一个较好的解决方法；③由于有多种运算定义及问题的多种形式化的表示方法，故模糊集很灵活。

可能性理论的缺点包括：①怎样构建合理的隶属函数，这并不总是十分清楚的，不存在完全通用的方法；②对于选择适当的运算定义存在问题，正如扎德本人所述，不同的情况需要不同的定义，但不总是清楚应该使用什么样的定义，而且常常出现这样的情况，即那些具有良好数学性质的定义在求解实际问题时往往效果不佳，而那些在某一问题中使用得较好的定义又常常是专门针对这一问题而设计的，缺乏数学的严格性；③证据的继承缺乏灵活性。

六、不确定推理方法的比较

主观 Bayes 方法、D-S 证据理论、可能性理论和确定因子法分别从概率、信任度、隶属度和确定度四个不同的角度来处理知识的不精确性。前三种方法限制在(0,1)数值范围内，确定因子的区间为(-1,1)。不精确值的获取有主观和客观之分，概率方法的不确定值既可通过统计分析、频率分析的客观方法，又可通过专家评估的主观方法来获得，其余三种一般采用主观方法，但对于可能性理论有所争议，即特征函数的获取究竟是主观的还是客观的。同时这些方法对表达无知有很大的差异，概率方法尽管有一些表达无知的方法，但困难重重；D-S 证据理论以似然度 Pl 与信任度 Bel 之差来表达无知；可能性理论以特征函数值0.5来表达无知；当知识可信度因子为0时，即为确定因子法中的无知表达。

一般来说，概率方法适合先验概率较易计算的应用；D-S 证据理论常用于数据融合技术,它具有可接受的计算复杂度;可能性理论适合证据本身是模糊的应用,它的一个很大的优点是灵活性和线性的计算复杂度;确定因子法由于其低的计算复杂度而得到较广泛的应用。然而,就现实世界复杂的不精确性处理仅靠一两种方法是不可能的,也是不现实的。由此,需要进行多方面的尝试,既要考虑到数值方法内多种方法的结合,又要看到与非数值方法(如非单调推理等)的相互结合,以便更有效实现问题求解。

第三节 专家系统的开发工具与建造步骤

一、专家系统的开发工具

早期的专家系统采用通用的程序设计语言和人工智能语言,通过人工智能专家与领域专家的合作,直接编程来实现。其研制周期长,难度大,但灵活实用,至今尚为人工智能专家所使用。目前,领域专家可以选用合适的专家系统开发工具开发自己的专家系统,大大缩短了专家系统的研制周期,从而为专家系统在各领域的广泛应用提供了条件。

专家系统开发工具按其功能主要分为两类,一类是用于生成专家系统的工具,称为生成工具;另一类用于改善专家系统性能的工具,称为辅助工具。以下叙述的程序设计语言、骨架型工具和知识工程语言为系统生成工具。

(一)程序设计语言

程序设计语言是开发专家系统的最基本的工具。典型的程序设计语言是 LISP 和 Prolog 语言,用这两种人工智能语言能方便地表示知识和设计各种推理机。具有面向对象风格的语言 C++,还有传统语言 C 和 Pascal 等也是构造专家系统的常用语言。

(二)骨架型工具

骨架型工具是把一个成功的专家系统删去其特定领域知识而获得的系统框架。例如,EMYCIN 骨架型工具是删去医疗诊断系统 MYCIN 的医疗诊断知识而获得的。专家系统一般都有推理机和知识库两部分,而规则集存于知识库内。在一个理想的专家系统中,推理机完全独立于求解问题领域。系统功能上的完善或改变,只依赖于规则集的完善和改变。由此,借用以前开发好的专家系统,将描述领域知识的规则从原系统中"挖掉",只保留其独立于问题领域知识的推理机部分,这样形成的工具称为骨架型工具。这类工具因其控制策略是预先给定的,使用起来很方便,用户只需将具体领域的知识明确地表示为一些规则就可以了。这样,人们就可以把主要精力放在对具体概念和规则的整理上,而不是像使用传统的程序设计语言建立专家系统那样,将大部分时间花费在开发系统的结构上,从而大大提高了专家系统的开发效率。除此之外,这类工具往往交互性很好,用户很容易就可以与之对话,并能提供很强的对结果进行解释的功能。

(三)知识工程语言

知识工程语言是专门用于构造和调试专家系统的通用程序设计语言,它能够处理不同的问题领域和问题类型,提供各种控制结构,用知识工程语言设计推理机和知识库,比用一般的人工智能程序设计语言(LISP 或 Prolog 等)更为方便。同时,与骨架型工具不同,知识工程语言并不与具体的体系和范例有紧密的联系,也不偏于具体问题的求解策略和表示方法,其所提供给用户的是建立专家系统所需要的基本机制,其控制策略也不固定于一种或几种形式,用户可以通过一定手段来影响其控制策略。因此,语言型工具的结构变化范围广泛,表示灵活,所适应的范围要比骨架型工具广泛得多。

(四)系统构建的辅助工具

系统构建的辅助工具由一些程序模块组成,其中有些程序能够帮助人们获得和表达领域专家的知识;有些程序能够帮助设计正在构建的专家系统的结构。它主要分成两类,一类是设计辅助工具;另一类是知识获取辅助工具。

(五)工具支撑环境

支撑设施是指帮助人们进行程序设计的工具,它常被作为知识工程语言的一部分。工具支撑环境仅是一个附带的软件包,以便使用户界面更友好,它包括四个典型组件:调试辅助工具、输入输出设施、解释设施和知识库编辑器。

二、构建专家系统的步骤

构建专家系统的步骤一般可分为明确问题、专家系统外壳构建、知识库获取和外部知识库构建、调试检验等阶段。虽然构建专家系统是用计算机语言等开发工具编程来实现的,但因专家系统是用符号描述的知识进行处理,它需要利用推理机、知识库和工作存储空间来实现,因此构建专家系统的步骤不同于传统的编程设计,有其自身的设计步骤和特点。

(一)明确问题阶段

明确问题阶段就是对待求解问题进行分析、研究和概括,确定解决这一个问题的途径,是整个系统设计的开始。这个阶段包括如下工作:①问题分析和概括;②待求解问题范围的确定;③推理方式及知识表达方式的确定;④专家系统所需的各种条件,如系统支持软件、硬件和相关人员等。

(二)专家系统外壳构建阶段

专家系统外壳主要包括推理机、知识存储结构、工作存储空间、知识获取辅助工具、人机界面等。如前所述,专家系统外壳可由计算机语言或专家系统开发工具来实现。

(三)知识获取和外部知识库构建阶段

知识获取是指知识工程师从知识源提炼总结和归纳知识的过程。知识源一般包括人类专家、书本和数据库等。所获取的知识经进一步形式化、条理化,通过编辑器输入计算机形成外部知识库。

(四)调试检验阶段

这一阶段包括知识库完善、扩展和专家系统外壳功能的完善。通过案例,利用所建立的专家系统对其进行求解,在求解和使用过程中不断发现知识库及专家系统中不满足要求的部分,通过调试和检验反馈到建立专家系统的一、二、三阶段并加以改进,直到专家系统达到适用为止。

三、集成智能设计专家系统

(一)基于神经网络的设计专家系统

设计是制造工程中最重要、最具有知识密集特点的环节,而将专家系统应用在设计中后,已取得不少成果。但专家系统有其自身的不足,主要是它仅模拟了大脑的某些功能,如逻辑推理、抽象思维等,而人类的设计思维过程还包括联想、直觉、形象思维等,这些思维是智能和创造的关键。另外,专家系统还存在知识获取困难、推理能力弱和学习能力差等问题。所有这些都构成了基于符号处理的专家系统的"瓶颈",给专家系统应用于产品设计带来一定的局限性。

人工神经网络技术的出现,为解决专家系统的"瓶颈"问题带来了希望。人工神经网络是由大量的神经元相互连接而成的自适应非线性动态系统,它反映了人脑功能的若干基本特征,表现出自适应性、自组织和自学习的能力,具有大规模并行处理、分布式存储和自适应过程等特点。

而将神经网络引入专家系统,就能构建混合型专家系统,实现神经网络与专家系统的有机结合。在混合型专家系统中,神经网络的任务如下。

1. 负责知识获取与表示。神经网络通过对网络样本进行训练实现知识获取,并用神经网络的权值分布表示知识。它不需要将专家的知识符号化,也不需要建立庞大的知识库。

2. 实现知识利用与推理。按已确定的权值,神经网络可根据实际输入,计算出相应的输出响应,从而完成知识利用,也即知识推理。神经网络的大规模并行分布式处理能力及其自适应、自组织和联想记忆等优点,使得它能较好地模拟人的形象思维过程,实现模糊和不精确推理,从而克服推理过程的"组合爆炸"。

3. 修改权值系数,完成自学习。专家系统的任务是负责用户接口界面、系统管理与协调及基于规则的知识处理。而且神经网络可通过不精确推理产生出几个可能的输出,专家系统可按基于规则的方法从中选择最佳方案。这样专家系统较难解决的问题,如设计知识的自动获取、知识表示、设计回想、设计过程中的形象思维模拟等,就会得到很好解决。

机电产品设计的领域知识十分丰富繁杂,既有概念性知识、量化的图表、确认的公理,又有因时因地的经验。不同类型的知识常常需要不同的知识表示方法,常用的知识表示方法如规则、框架、语义网络、谓词逻辑、过程等很难满足机械设计知识表示的要求,而将传统知识表示方法和神经网络表示有机结合的混合型专家系统,就较好地解决了这一难题。

为了便于机电产品设计知识的组织与管理,人们将知识分为元知识和领域知识两大类。元知识是从获取的专家知识中分离出来的知识,专门用来分解设计任务,指导目标推理机对问题求解,与领域无关;而领域知识则是针对不同的设计领域,因而可以建立许多独立的知识库,便于系统地移植和扩充。

在元知识的指导、分层框架引导下,系统对于用户提出的一个设计目标,首先利用元知识进行推理,得到一张由设计子目标组成的问题求解队列,并把中间数据及推理过程写入动态数据库(黑板),用于解释模块和再设计模块;然后目标推理机根据求解队列调用相应的子知识库,依次求解各子目标,直到所有子目标求解完为止;当求解子目标出现问题时,可重新进行元级推理。

由于领域知识是由规则、框架、过程和神经网络混合表示的,因而目标推理机又可细分为规则推理机、框架推理机和神经网络推理机等。

(二)初始设计

对于基于符号知识的推理求解来说,初始设计过程是通过专家知识的推理得到初步方案,再进一步分析推理的结果,然后评价其结果是否满意,如果结果满意,输出结果;如果结果不满意,修改相关参数,重新确定方案,重复以上步骤直到结果满意为止。基于符号知识推理求解属于逻辑思维,由于工程问题的复杂性,基于符号知识推理的方法在多方案的产生和再设计问题上非常困难,基因算法为多方案的产生提供了有效的机制,而约束满足法则为基于符号知识的推理提供了有效的再设计手段。

对于基于实例推理求解来说,初始设计是提取相关实例,对相关实例进行类比设计,再通过实例的评价,确定是否采用该实例,或进一步修改实例以满足设计要求。基于实例推理求解实例知识,属于类比思维。对于人工神经网络求解来说,初始设计是在样本训练的基础上,通过输入值的传播产生候选解,再对候选解进行评价,若不满意输出结果,可重新调整网络数值,或增加样本,或提炼样本,改进误差,直到输出结果满意为止。人工神经网络学习处理样本知识,属于直觉思维("潜意识")。

对于采用基因算法求解来说,初始设计是通过随机产生个体,再由个体经过选择、重组、杂交、突变,然后施加进化的压力,使个体往优良的方向发展,如果得到的个体最优则输出,否则要进一步通过遗传操作修改个体,直到使个体满意为止。

(三)基于计算机支持协同工作的智能计算机辅助设计结构

随着计算技术和通信技术的发展,计算机支持的协同工作(CSCW)逐渐形成了一种新的发展潮流,从过去实质上仅支持个体工作,发展成为支持群体工作,群体中的人们可通过计算机交流信息和讨论问题,共同完成某项任务。例如从机械设计具有的特点来看,基于CSCW的智能计算机辅助设计(ICAD)开发将成为主要趋势。CSCW系统与一般应用程序的主要差异在于CSCW有"人与人的交互"和"协调"功能。通过特定的交互界面及协调控制来实现群体工作的协调。因此,在CSCW系统中,用户界面、协调管理、通信接口等模块是必不可少的,当然还有各种公用工具和应用共享模块等。基于CSCW的ICAD可以采用两种结构:一种是集中式结构,即采用单一的黑板结构,黑板结构是专家系统中一种重要的结构框架,它强调提高黑板对象的插入和检索效率,允许一个黑板管理器很容易地定义黑板数据库,而不改变基本的黑板对象或应用程序;另一种是基于CSCW的分布式ICAD结构。

由于采用集中式结构时,用户机上产生的数据都要传到服务器上,因而造成网络吞吐量太大,所以采用分布式结构应该是最理想的结构。分布式结构普遍采用多agent结构。agent是一种抽象的实体,它能作用于自身的环境,并能对环境做出反应。实际上,agent也是一个程序,与一般应用程序不同之处在于agent有通信接口,能通过通信语言与其他agent交换信息,以达到协同工作的目的。因此,一个agent的内部结构应包括网络接口、通信接口、内部知识库、任务模块、协调模块及使用其他agent的有关信息。

在采用多agent的分布式ICAD系统中,通过分散于不同特点上松散耦合的知识源(KB)集合来进行协作求解。每个KB为一个agent,由于每个成员都不能利用自己有限的知识来圆满完成任务,而且也没有足够的资源和足够处理问题的信息,因此首先要将任务分解成子任务,分配给合适的agent求解。子问题求解过程中,由于子问题的相互依赖性和agent自身信息的缺乏性,agent之间必须进行交互,最后在设计的综合过程中,通过对各个问题进行设计的节点间的交互,解决部分设计的不确定性,从而形成整体设计。

四、集成智能计算机辅助工艺过程设计

由于专家系统本身固有的一些缺陷,使得基于专家系统的计算机辅助工艺过程设计(CAPP)系统具有以下局限性。

(一)工艺知识获取的"瓶颈"

专家系统的智能水平取决于知识的数量和质量,然而在开发CAPP专家系统时,工艺专家的很多直觉和经验,还有那些潜意识里运用的工艺知识很难获取。除此之外,对于多个工艺专家的知识之间的矛盾,系统也无能为力。

(二)系统性能的"窄台阶效应"

对于专家知识领域内的问题,专家系统能以专家的水平来处理,一旦超越这个领域,其性能就急剧恶化,而且专家系统自身并不能判断何时已接近或超出了它的能力范围。

(三)专家系统的本质特征

虽然其本质特征是基于规则的推理。然而,迄今的逻辑理论仍然很不完善,还没有一套完整的模糊推理理论、非单调推理理论等。因此,CAPP专家系统的表达能力和处理能力有很大的局限性。

专家系统与神经网络结合,是智能CAPP专家系统发展的一种趋势。

一种基于知识和耦合神经网络实例混合推理的智能CAPP专家系统是将神经网络模型嵌入工艺过程设计的实例推理中,并将其和知识推理结合起来形成了智能CAPP专家系统的混合式推理策略。其首先通过交互方式

71

或直接对产品数据进行处理,以建立一个统一的零件数据模型,接着调用元推理机所规定的系统推理方式进行工艺设计决策,然后利用推理设计结果和零件模型中的几何数据进行工艺尺寸链的计算并绘制工序图,最后编辑、修改工艺设计,设计结果输出为工艺卡片,并存入实例库作为将来设计的参考实例。

基于实例的推理(CBR)实质是一种相似推理模式,即通过访问知识库中以前相似问题的解决方法而获得当前新问题的解决方法,因而求解简单快速、效率高,而且实例库的建立比较方便,不一定需要专家参与,也易于维护、便于学习。这些优越性使得CBR在知识抽取比较困难或知识比较缺乏的工艺设计过程中尤为有用。神经网络具有信息的并行处理、分布式存储、自组织和自学习及联想记忆等特性,因此采用基于神经网络的实用相似性判定算法将大大提高实例检索效率,并为克服基于符号推理的专家系统在推理过程中出现的"组合爆炸""匹配冲突"等问题开辟了新的途径,从而使整个CAPP系统的智能化得到提高。

面向人的人机智能耦合CAPP系统。该系统的核心是人机协同决策模块。其基本思想是使人和计算机处在平等合作的地位上,使两者既有分工又有协作。一方面通过人机决策任务分配,将适合计算机的决策任务交给计算机去做,而将适合人的决策任务交给人去做。两者在共同决策过程中取长补短、协同决策,并通过综合评价得到合理的结果。

五、制造过程的综合智能决策

制造过程决策就是在生产过程的各种约束条件,如机床功率、扭矩限制、刀具耐用度、加工精度等的限制下,通过选取刀具参数、切削用量等加工参数使各种优化目标,如加工成本、生产率和利润率等得到尽可能的优化。例如,基于专家系统和神经网络的车削过程智能决策系统MTOS-I,它就是通过专家系统和神经网络的共同作用来获得制造过程的最优解。制造过程决策是典型的多目标优化问题,其采用将多目标问题转化为单目标优化问题的方法进行求解,允许选用不同的方法,如线性加权法、理想点法和乘除法等,其主要差别只是在于评价函数的不同,利用专家系统来构造评价函数,确定各个优化参数的取值范围,用神经网络将各个优化变量连接起来并进行优化计算。

(一)决策系统中的专家系统

专家系统包含知识库、数据库、公式库和推理机。知识库汇总了选择切削用量的各种知识和经验,主要涉及计算方案选择、约束条件确定、修正系数和其他参数的选取等内容。数据库存储有选择切削用量所需要的标准数据、计算常数、实验数据等。公式库存储有各种加工过程的切削速度、切削力计算等经验公式。专家系统的知识主要来源于书本及专家的经验。推理机由一组程序组成,控制、协调整个系统,并根据当前的环境,调用知识库、公式库和数据库的资料,选择最优的参数。在此系统中,分别设计了参数选择和约束判断专家系统,能够根据输入的不同机床类型和不同的加工工序,判断某一型号的机床是否满足加工所需要的功率、主轴扭矩,选择合适的刀具角度,确定需要优化的加工参数及选定取值范围,并建立评价函数。

(二)神经网络优化器

神经网络以其自组织、自学习和并行计算的能力,使其在优化求解运算中显示出了强大的优势。专家系统选用马尔可夫神经网络模型为优化器。马尔可夫网络的主要特点是它不需要为神经网络构建能量函数,容易根据不同的加工过程进行网络建模,而且由于其求解算法不仅能向函数值下降的方向前进,而且在某些情况下允许向函数值上升的方向前进,以利于达到全局最优。加工过程每一个需要优化的参数构成马尔可夫神经网络的一个单元,每个单元和其他单元双向连接。例如,对外圆切削来说,定义变量包括进给量、切削深度、刀具耐用度、刀具的车刀前角、主偏角、副偏角、刀尖圆弧半径等共8个变量,则设计有8个单元的神经网络,使神经网络的每一个单元对应一个需要优化的变量,并规定第一个单元对应进给量、第二个单元对应切削深度等。神经网络运行时,各单元根据各种参数的当前值计算各自的取值范围,然后按马尔可夫神经网络的运行规则改变网络的当前状态,当网络温度降到某个预定值时,各单元的状态就直接对应了一组优化的参数。神经网络的单元能够根据求解问题的需要动态增减,根据不同的加工过程而动态重构,因此神经网络的优化过程不依赖于具体的加工对象。

(三)专家系统与神经网络的信息交换

制造过程智能决策系统利用专家系统确定需要优化的参数,并由此确定神经网络的神经元数目。[①]神经网络优化计算时也需要调用专家系统来确定优化参数的取值。专家系统和神经网络的有效结合及协同工作的前提在于相互间的信息交换,统计人员为此设计了查询翻译式数据传递技术作为数据交换的接口。在系统开始运行时,先由神经网络部分通过标准接口对选定的加工操作对象进行查询,该对象报告出神经网络和专家系统信息交换所需要的变量个数和每个变量的变化范围,然后神经网络根据查询的结果建立网络单元,当网络单元内容发生变化时,再用网络的当前状态作为参数调用加工对象的翻译函数,该函数则根据原先的报告把各个单元的数值转换为对应变量的实际数值,然后神经网络调用该对象的评价函数进行加工参数的评价。通过这种机制,神经网络部分就可以与具体的加工操作分离开来,它在工作时不需要知道当前正在优化的是什么加工操作,也不需要知道各个工作单元的实际物理意义。专家系统和神经网络信息交换主要包括以下几个方面:①通过调用机床的报告函数间接调用某一加工操作的报告函数,取得神经网络需要的变量个数和各自变化范围;②根据查询结果初始化神经网络;③调用翻译函数并计算评价函数的值。

六、多模块的智能调度

柔性制造系统(FMS)优化调度就是要求以最少的资源、时间和费用来完成给定的生产任务,或利用一定的资源,在一定的时间范围内完成最多的生产任务,这都是寻求问题最优解的过程。许多的研究方法,如基于传统的优化理论、人工智能方法、人工神经网络和遗传算法等都已经在 FMS 调度中得到应用。基于传统优化理论的方法如线性规划、动态规划和多目标优化等,理论性强,计算精确,适用于求解静态问题。而在动态多变的生产环境中,难以建立准确约束条件下的数学模型,各类简化的模型又与实际系统相差

①梁谦,董锦洋.寺河煤矿二号井通风智能决策支持系统的建立及优化[J].现代矿业,2022,38(1):6.

甚远,限制了其在实时调度中的应用。

人工智能把求解优化目标的过程转化成在满足给定条件下求解空间的搜索过程。由数据库、知识库和推理机组成的产生式系统,具有自然性、灵活性和通用性好的特点,而处于更高境界的人工智能专家系统,具有丰富的知识表达方式,可利用搜索、推理和规划等多种方法求得优化解,能够解决多资源约束和多目标优化等复杂的调度问题。但由单一的专家系统处理FMS所有静态和动态调度问题,需要大量不同生产环境和生产状态的数据信息与相关处理规则,从而导致搜索空间大大增加,效率下降。而且由于专家系统缺乏学习能力,对于超出领域外或事先未估计到的问题,专家系统的工作性能也会急剧恶化。

模拟人的形象思维的神经网络具有并行结构、信息分布存储、自适应性和较强的学习能力,使其在优化求解、在线辨识的控制决策中有很大优势,并可成功应用于有较高实时性要求的动态调度决策中。但神经网络不能解释推理过程和依据,对训练样本的正交性和完备性要求较高,也难以独自承担FMS中的所有调度任务。

由于不同智能方法的适用范围和本身的缺陷及FMS调度任务的复杂性,单一的调度模块不具备足够的知识和能力在要求的时间内优化解决所有调度问题,甚至单独使用一种智能方法也难以在FMS动态多变的生产环境中取得整体优化的调度结果。因此,要建立多模块的FMS智能调度系统,对调度中的不同问题适当划分,交由不同的智能模块处理,以获得最优的调度结果。

(一)多模块智能调度系统模型

多模块智能调度系统组成的基本原则是将FMS调度任务划归到多个不同的模块,每一个调度任务都能被某一个调度子模块覆盖,每一个子模块采用一种在所控制领域内能取得较优调度结果的智能方法,所有模块集成后形成有整体效益的FMS智能调度系统。各个子模块由调度控制驱动,调度控制对系统运行状态进行识别,确定系统的运行要求,并将调度任务分配给适当的模块。调度模块又可分为静态调度模块与动态调度模块。

静态调度模块的任务包括校核系统的生产能力,确定所需要的资源,完成零件的最优分组、使设备负荷平衡,并假设在调度区间和时间范围内给定的生产任务、资源和系统组成等都不发生变化,在给定的优化目标条件下确定零件加工路径,进行资源的优化配备和完成系统运行的预调度。根据离散事件系统特性,静态调度的结果将能够展示系统从开始到结束整个运行过程每一事件的发生与发展进程。在正常的生产条件下,FMS依据静态调度的策略运行,静态调度所确定的各种资源利用和分配情况,也是动态调度所需要的重要参考数据。

动态调度应用于对生产进程中任何非预期状态的处理,体现了FMS的柔性和适应性。根据对系统运行的影响情况,动态调度可再划分为两大类。第一类是FMS运行过程中出现的如机床堵塞、资源争用和资源延误(如被占用的刀具、夹具未能及时释放等),在适当地调整资源配置和调整部分工件的加工顺序后,系统仍然能够继续按静态调度确定的方案运行。插入加工工件和机床故障属于第二类动态调度问题。急需加工工件和机床故障等所造成的系统状态变化,其影响是全局性的,静态调度的结果已不再适用。系统的优化目标也往往需要从获得最佳效益转化为保证零件交货及维持系统的连续运行,要在新的目标下求解优化的调度策略。

(二)多模块调度系统的控制

多模块调度系统的控制关键在于控制系统对生产状态的自动识别,对系统运行时各个事件发生的能观测性和能控性判别。

FMS的运行状态包括资源和设备状态、加工工件记录、反馈状态信息以及生产调度命令执行情况等。

FMS运行是离散事件之间的转换过程,也就是系统的状态转换过程。

(三)多模块FMS智能调度系统实例

以一个由三台机床、一台自动引导小车(AGV)、一个装卸工作站和若干缓冲存储站组成的FMS仿真系统为例。根据上述方法,科研人员设计了一个由专家系统和神经网络结合的多模块智能调度系统。系统的主要功能包括静态调度和动态调度。

静态调度主要包括生产计划和预调度。生产计划模块根据输入的生产任务对系统的生产能力、刀具和夹具等生产资源进行校核,然后确定同时进入系统的工件种类和数量。静态调度的核心是基于知识的专家系统。在专家系统中用事实描述基本概念,用规则描述系统的决策方法。专家系统采用正向链式控制,以深度优先搜索策略确定调度策略。

为应对多模块调度系统中的第一类动态调度问题,可采用基于人工智能的产生式系统分别建立资源竞争、资源延误和机床堵塞动态调度子模块。调度策略是在尽量少地改变静态调度方案的前提下,对不能按静态调度方案执行的作业,寻找最优的可替代方案。动态调度决策步骤如下:①构建被延误资源的可替代资源;②构建可替代操作集;③从可替代操作中选取代价最低的操作。

七、基于人机一体化的集成制造系统

人机一体化思想,就是采取以人为主,人与机器(包括计算机)共同组成一个系统,各自完成自己最擅长的工作,在平等合作的基础上,共同认识,共同感知,共同决策。在实际运行中,相互理解,相互作用,取长补短,协同工作,突破传统的"人工智能系统"概念,打造超过人的能力乃至智力的"超智能"系统,使人机一体化系统达到最佳经济目标与最佳整体效益。

在感知层面上实现人机联合感知,对于集成制造系统来说,人通过视、听等感觉器官感知制造系统的内外部信息,并将有关信息传递给计算机,而计算机一方面感知人传递过来的信息;另一方面则通过制造信息网络感知有关信息,并将所感知到的信息进行加工处理后再传递给人,让人进行二次感知。此外,人机之间还可进行相互感知,如将人的知识水平、兴趣爱好、性格脾气等输入计算机,使计算机对人的情况有所感知,同时人对机器的运行状况、机器故障等也进行感知。经过人机联合交互感知,可使系统获得更精确、更全面、更可靠的信息,并且在思维层面上,综合利用人和机器的智能,以获得最佳决策。一方面,机器利用专家知识库进行严密的逻辑推理得出有关决策方案;另一方面,人通过自己的直觉对人机联合感知的信息进行判断推理得出决策方案,最后通过对所有决策方案进行综合评判,找出最佳方

案。除此之外,在执行层面上,人机相互协作,取长补短,充分发挥各自的优势,保障决策方案的顺利实施。

所谓人机一体化集成制造系统是指在产品设计、工艺规划、原材料及外购件的采购、零件加工、产品装配、质量检验、产品销售以及产品售后服务等产品的全生命周期中,充分综合利用制造系统中智能机器的知识及设计工程师、工艺规划工程师、管理人员、工人的经验、技能和诀窍等,使生产出的产品能更好地适应市场需要,为企业创造更高的经济效益。根据人机一体化思想的基本原理,将适合机器做的工作交给机器去做,如大量的数据运算、严密的逻辑推理、机械式的制图等;适合人做的事由人去完成,如富有创造性的创新设计、灵活多变的生产资源规划等。人和智能机器在整个制造过程中,既要有明确的合理分工,又要有密切的协作,以提高系统的整体效益。

第四章 蓝牙无线通信技术

第一节 蓝牙技术的内容

一、蓝牙技术发展概况

蓝牙（Bluetooth）一词是斯堪的纳维亚语中 Blatand/Blatann（即古挪威语 blatqnn）的一个英语化版本，该词是 10 世纪的一位国王 Harald Bluetooth 的绰号，他将纷争不断的丹麦各部落统一为一个王国。以蓝牙命名的想法最初是 Jim Kardach 于 1997 年提出的，Kardach 开发了能够允许移动电话与计算机通信的系统。他的灵感来自当时他正在阅读的一本由 Frans G.Bengtsson 撰写的描写北欧海盗和 Harald Bluetooth 国王的历史小说 *The Long Ships*，意指蓝牙也将把通信协议统一为全球标准。

1998 年 5 月，爱立信、诺基亚、东芝、IBM 和英特尔公司 5 家著名厂商，在联合开展短程无线通信技术的标准化活动时提出了蓝牙技术，其宗旨是提供一种短距离、低成本的无线传输应用技术。这 5 家厂商还成立了蓝牙特别兴趣小组（SIG），以使蓝牙技术能够成为未来的无线通信标准。芯片霸主英特尔公司负责半导体芯片和传输软件的开发，爱立信负责无线射频和移动电话软件的开发，IBM 和东芝负责笔记本电脑接口规格的开发。1999 年下半年，著名的业界巨头微软、摩托罗拉、3Com、朗讯与蓝牙特别兴趣小组的 5 家公司共同发起成立了蓝牙技术推广组织，从而在全球范围内掀起了一股"蓝牙"热潮。业界随之开发了一大批蓝牙技术的应用产品，使蓝牙技术呈现出极其广阔的市场前景，在 21 世纪初掀起了波澜壮阔的全球无线通信浪潮。

截至目前,SIG 成员已经超过了 2500 家,几乎覆盖了全球各行各业,包括通信厂商、网络厂商、外设厂商、芯片厂商、软件厂商等,甚至消费类电器厂商和汽车制造商也加入了 SIG。

蓝牙协议的标准版本为 IEEE 802.15.1,其基于蓝牙规范 V1.1,后者已构建到现行很多蓝牙设备中。新版 IEEE 802.15.Ia 基本等同于蓝牙规范 V1.2 标准,具备一定的 QoS 特性,并完整保持后向兼容性。IEEE 802.15.Ia 的 PHY 层中采用先进的扩频跳频技术,提供 10Mbps 的数据传输速率。另外,在 MAC 层中改进了与 802.11 系统的共存性,并提供增强的语音处理能力、更快速的建立连接能力、增强的服务品质以及提高蓝牙无线连接安全性的匿名模式。2010 年 7 月,蓝牙技术联盟宣布正式采纳蓝牙 4.0 核心规范,并启动对应的认证计划。蓝牙 4.0 实际是个三位一体的蓝牙技术,它将三种规格合而为一,分别是传统蓝牙、低功耗蓝牙和高速蓝牙技术,这三个规格可以组合或者单独使用。蓝牙 4.0 的标志性特色是 2009 年年底宣布的低功耗蓝牙无线技术规范。蓝牙 4.0 最重要的特性是功耗低,极低的运行和待机功耗可以使一粒纽扣电池连续工作数年之久。此外,低成本和跨厂商互操作性、3 毫秒低延迟、100 米以上的超长传输距离、AES-128 加密等诸多特色,使其可以用于计步器、心律监视器、智能仪表、传感器等众多领域,大大扩展了蓝牙技术的应用范围。蓝牙 4.0 依旧向下兼容,包含经典蓝牙技术规范和最高速度 24Mbps 的蓝牙高速技术规范。

2013 年 12 月,蓝牙技术联盟发布了蓝牙 4.1。蓝牙 4.1 主要是为了实现物联网,迎合可穿戴连接,对通信功能进行了改进。在传输速度方面,蓝牙 4.1 在蓝牙 4.0 的基础上进行升级,使得批量数据可以以更高的速度传输,但这一改进仅仅针对兴起的可穿戴设备,而不可以用蓝牙高速传输流媒体视频。在网络连接方面,蓝牙 4.1 支持 IPv6,使有蓝牙的设备能够通过蓝牙连接到可以上网的设备上,实现与 Wi-Fi 相同的功能。另外,蓝牙 4.1 支持多连一,即用户可以把多款设备连接到一个蓝牙设备上。

蓝牙 4.2 发布于 2014 年 12 月 2 日,它为 IoT 推出了一些关键性能,是一次硬件的更新。但是一些旧有蓝牙硬件也能够获得蓝牙 4.2 的一些功能,如通过固件实现隐私保护更新。具体来说,蓝牙 4.2 的最大改进是支持灵活的互联网连接选项 6LowPAN,亦即基于 IPv6 协议的低功耗无线个人局域网技术。这一技术允许多个蓝牙设备通过一个终端接入互联网或局域网。另一改进则表现在隐私方面,现在蓝牙设备只会连接受信任的终端,在与陌生终端连接之前会请求用户许可,这一改进可以避免用户无意间暴露自己的位置或留下自己的记录。在传输性能方面,蓝牙4.2标准将数据传输速率提高了2.5倍,主要由于蓝牙智能数据包的容量相比此前提高了10倍,同时降低了传输错误率。

二、蓝牙的技术特点

蓝牙是一种短距离无线通信的技术规范,它起初的目标是取代现有的计算机外设、掌上电脑和移动电话等各种数字设备上的有线电缆连接。蓝牙规范在制定之初,就建立了统一全球的目标,其规范向全球公开,工作频段为全球统一开放的2.4GHz频段。从目前的应用来看,由于蓝牙在小体积和低功耗方面的突出表现,它几乎可以被集成到任何数字设备之中,特别是那些对数据传输速率要求不高的移动设备和便携设备。蓝牙技术标准制定的目标如下。

(一)全球范围适用

蓝牙工作在2.4GHz的ISM频段,全球大多数国家ISM频段的范围是2.4～2.4835GHz,使用该频段无须向各国的无线电资源管理部门申请许可证。

(二)可同时传输语音和数据

蓝牙采用电路交换和分组交换技术,支持异步数据信道、三路语音信道或异步数据和同步语音同时传输的信道。其中每个语音信道为64Kbps,语音信号的调制采用脉冲编码调制(Pulse Code Modulation,PCM)或连续可变斜率增量调制。对于数据信道,如果采用非对称数据传输,则单向最大传输速率为721Kbps,反向为57.6Kbps;如果采用对称数据传输,则速率最高为342.6Kbps。蓝牙定义了两种链路类型:异步无连接(Asynchronous Conection-Less,ACL)链路和同步定向连接(Synchronous Connection-Oriented Link,SCO)链路。ACL链路支持对称或非对称、分组交换连接,主要用来传输数据;SCO链路支持对称、电路交换和点到点的连接,主要用来传输语音。

(三)可以建立临时性的对等连接

蓝牙设备根据其在网络中的角色,可以分为主设备与从设备。蓝牙设备建立连接时,主动发起连接请求的为主设备,响应方为从设备。当几个蓝牙设备连接成一个微微网时,其中只有一个主设备,其余的均为从设备。微微网是蓝牙最基本的一种网络,由一个主设备和一个从设备所组成的点对点的通信是最简单的微微网。几个微微网在时间和空间上相互重叠,进一步组成了更加复杂的网络拓扑结构,成为散射网。散射网中的蓝牙设备可能是某个微微网的从设备,也可能同时是另一个微微网的主设备。

不同的微微网之间的跳频频率各自独立、互不相关,其中每个微微网可由不同的跳频序列来标识,参与同一微微网的所有设备都与此微微网的跳频序列同步。尽管在开放的 ISM 频段原则上不允许有多个微微网的同步,但通过时分复用技术,一个蓝牙设备便可以同时与几个不同的微微网保持同步。具体来说,就是该设备按照一定的时间顺序参与不同的微微网,即某一时刻参与一个微微网,而下一时刻参与另一个微微网。

(四)具有很好的抗干扰能力

工作在 ISM 频段的无线电设备有很多种,如家用微波炉、无线局域网(Wireless Local Area Network,WLAN)和 HomeRF 等技术产品,蓝牙为了很好地抵消来自这些设备的干扰,采取了跳频方式来扩展频谱,将 2.402 ~ 2.48GHz 的频段分成 79 个频点,每两个相邻频点间隔 1MHz。数据分组在某个频点发送之后,再跳到另一个频点发送,而对于频点的选择顺序则是伪随机的,每秒频率改变 1600 次,每个频率持续 $625\mu s$。

(五)具有很小的体积

由于个人移动设备的体积较小,嵌入其内部的蓝牙模块体积就应该更小,如超低功耗射频专业厂商 Nordic Semiconductor 的蓝牙 4.0 模块 PTR5518,尺寸约为 15mm×15mm×2mm。

(六)微小的功耗

蓝牙设备在通信连接状态下,有 4 种工作模式:激活(Aetive)模式、呼吸(Sniff)模式、保持(Hold)模式和休眠(Park)模式。Active 模式是正常的工作状态,另外3种模式是为了节能所规定的低功耗模式。Sniff模式下的从设备周期性地被激活;Hold模式下的从设备停止监听来自主设备的数据分组,但保留其激活成员地址;Park模式下的主从设备仍保持同步,但从设备不需要保留其激活成员地址。这3种节能模式中,Sniff模式的功耗最高,但对于主设备的响应最快,Park模式的功耗最低,对于主设备的响应最慢。

(七)开放的接口标准

SIG为了推广蓝牙技术,将蓝牙的技术标准全部公开,全世界范围内的任何单位和个人都可以进行蓝牙产品的开发,只要最终通过SIG的蓝牙产品兼容性测试,就可以推向市场。这样一来,SIG就可以通过提供技术服务和出售芯片等业务获利,同时大量的蓝牙应用程序也可以得到大规模推广。

(八)低成本,使得设备在集成了蓝牙技术之后只需增加很少的费用

蓝牙产品刚刚面世时,价格昂贵,一副蓝牙耳机的售价就达到5000元左右。随着市场需求的扩大,各个供应商纷纷推出自己的蓝牙芯片和模块,如爱立信、飞利浦、CSR、索尼、英特尔等公司,蓝牙产品的价格也飞速下降。对于购买蓝牙产品的用户来说,仅仅一次性增加较少的投入,却换来了永久的便捷与效率。

三、蓝牙系统组成

蓝牙的关键特性是健壮性、低复杂性、低功耗和低成本。

蓝牙工作在全球通用的2.4GHz的ISM频段,并采用跳频收发信机来达到抗干扰和抑制信号衰减的作用,采用二进制调频(FM)模式降低收发信机的复杂性,其符号速率为1Mbps。划分为时隙的信道采用$625\mu s$的标称时隙长度。蓝牙系统采用全双工时分(TDD)传输方案实现双工传输。在信道中,信息可以以分组的方式进行交换。各信息分组可采用不同跳频频率实现传输。理论上讲,一个分组覆盖一个单时隙,而实际上一个分组可扩展至覆盖五个时隙。蓝牙协议使用电路交换和分组交换的混合方式。时隙保留用于同步分组。同时,蓝牙能够支持一条异步数据信道,乃至三个同步语音信道,或一条同时支持异步数据和同步语音的信道。每个语音信道在每个方向上支持64Kbps同步语音信道连接。异步信道最大可不对称支持

723.2Kbps（回程为57.6Kbps），或对称支持433.9Kbps的传输速率。蓝牙系统由无线部分、链路控制部分、链路管理支持部分和主终端接口组成。

蓝牙系统提供点对点连接方式或一对多连接方式。

在一对多连接方式中，多个蓝牙单元之间共享一条信道。共享同一信道的两个或两个以上的单元形成一个微微网。其中，一个蓝牙单元作为微微网的主单元，其余则为从单元。在一个微微网中最多可有七个活动从单元。另外，更多的从单元可被锁定于某一主单元，该状态称为休眠状态。

在该信道中，不能激活这些处于休眠状态的从单元，但仍可使之与主单元之间保持同步。对处于激活或休眠状态的从单元而言，信道访问都是由主单元进行控制的。

具有重叠覆盖区域的多个微微网构成一个散射网络（Scattemet）结构。每个微微网只能有一个主单元，从单元可基于时分复用参加不同的微微网。另外，在一个微微网中的主单元仍可作为另一个微微网的从单元，各微微网间不必以时间或频率同步，它们有自己的跳频信道。

第二节 蓝牙协议体系结构

一、蓝牙技术规范

建立蓝牙技术规范的目的是使符合该规范的各种应用之间能够互通，为此，本地设备与远端设备需要使用相同的协议栈。

不同的应用可以在不同的协议栈上运行。但是，所有的协议栈都要使用蓝牙技术规范中的数据链路层和物理层。完整的蓝牙协议栈如图4-1所示，在其顶部支持蓝牙使用模式的相互作用的应用被构造出来。不是任何应用都必须使用全部协议，相反，应用只会采用蓝牙协议栈中垂直方向的协议。图4-1显示了数据经过无线传输时，各个协议如何使用其他协议所提供的服务，但在某些应用中这种关系是有变化的，如需控制连接管理器时，一些协议如逻辑链路控制应用协议（L2CAP），二元电话控制规范（TCS Binary）可使用连接管理协议(LMP)。完整的协议包括蓝牙专用协议(LMP 和 L2CAP)和蓝牙非专用协议(如对象交换协议 OBEX 和用户数据报协议 UDP)。设计协议和协议栈的主要原则是尽可能利用现有的各种高层协议,保证现有协议与蓝牙技术的融合及各种应用之间的互通,充分利用兼容蓝牙技术规范的软、硬件系统。蓝牙技术规范的开放性保证了设备制造商可自由地选用蓝牙专用协议或常用的公共协议,在蓝牙技术规范基础上开发新的应用。

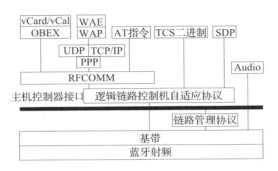

图 4-1　蓝牙协议栈

蓝牙协议体系中的协议由 SIG 分为 4 层:①蓝牙核心协议 Baseband、LMP、L2CAP、SDP;②电缆替换协议 RFCOMM;③电话传送控制协议 TCS Binary、AT Commands;④选用协议:PPP、UDP/TCP/IP、OBEX、vCard、vCal、IrMC、WAE。

除上述协议层外,蓝牙规范还定义了主机控制器接口(HCI),它为基带控制器、连接管理器提供命令接口,并且可通过它访问硬件状态和控制寄存器。HCI 位于 L2CAP 的下层,但 HCI 也可位于 L2CAP 上层。蓝牙核心协议由 SIG 制定的蓝牙专利协议组成,绝大部分蓝牙设备都需要蓝牙核心协议(包括无线部分),而其他协议根据应用的需要而定。总之,电缆替换协议、电话控制协议和被采用的协议构成了面向应用的协议,允许各种应用运行在核心协议之上。

二、蓝牙核心协议

(一)基带协议(Baseband)

基带就是蓝牙的物理层,它负责管理物理信道和链路中除了错误纠正、数据处理、调频选择和蓝牙安全之外的所有业务。基带在蓝牙协议栈中位于蓝牙射频之上,基本上起链路控制和链路管理的作用,如承载链路连接和功率控制这类链路级路由等。基带还管理异步和同步链路、处理数据包、寻呼、查询接入和查询蓝牙设备等。基带收发器采用时分复用方案(交替发送和接收),因此除了不同的跳频之外(频分),时间都被划分为时隙。在正常的连接模式下,主单元会总是以偶数时隙启动,而从单元则总是以奇数时隙启动(尽管可以不考虑时隙的序数而持续传输)。

基带可以处理两种类型的链路:SCO(同步定向连接)和ACL(异步无连接)链路。SCO 链路是微微网中单一主单元和单一从单元之间的一种点对点对称的链路,主单元采用按照规定间隔预留时隙(电路交换类型)的方式可以维护 SCO 链路,SCO 链路携带语音信息,主单元可以支持多达三条的并发 SCO 链路,而从单元则可以支持两条或者三条 SCO 链路,SCO 数据包永不重传,SCO 数据包用于 64Kbps 语音传输。ACL 链路是微微网内主单元和全部从单元之间点对多点的链路,在没有为 SCO 链路预留时隙的情况下,主单元可以对任意从单元在无时隙的基础上建立 ACL 链路,其中也包括了从单元已经使用某条 SCO 链路的情况(分组交换类型)。

基带和链路控制层确保了微微网内各蓝牙设备单元之间由射频构成的物理连接。蓝牙的射频系统是一个跳频扩展频谱系统,其任一分组在指定时隙、指定频率上发送,它使用查询和寻呼进程来同步不同设备间的发送跳频和时钟。蓝牙提供了两种物理连接方式及其相应的基带数据分组,在同一射频上可实现多路数据传送。ACL 只用于数据分组,SCO 适用于音频及音频与数据的组合,所有音频与数据分组都附有不同级别的前向纠错(FEC)或循环冗余校验(CRC),而且可进行加密。此外,不同数据类型(包括连接管理信息和控制信息)都被分配了一个特殊通道。

(二)链路管理协议(LMP)

链路管理协议(LMP)和逻辑链路控制与适应协议(L2CAP)都是蓝牙的核心协议,L2CAP 与 LMP 共同实现 OSI 数据链路层的功能。LMP 负责蓝牙设备之间的链路建立,包括鉴权、加密等安全技术及基带层分组大小的控制和协商,它还控制无线设备的功率以及蓝牙节点的连接状态。L2CAP 在高层和基带层之间作适配协议,它与LMP是并列的,区别在于L2CAP向高层提供负载的传送,而LMP不能,即LMP不负责业务数据的传递。

链路管理协议(LMP)有以下关键作用。

1.链路管理协议(LMP)负责蓝牙组件间连接的建立和断开。在两个不同的蓝牙设备之间建立连接时,该连接由ACL链路组成(先传递参数),然后就可以建立起一条或多条SCO链路。链路管理协议(LMP)支持主、从单元初始化SCO链路,支持主、从单元请求改变SCO链路参数;它还提供了一种协商呼叫方案的方法,并支持通过协商确定基带数据分组大小。

2.通过监控信道特性、支持测试模式和出错处理来维护信道。链路管理器负责监控无线单元(射频部分)的信号场强和信号发射功率;链路管理器负责监控在DM(Data-Medium Rate,中等速率数据)和DH(Data-High Rate,高速率数据)之间基于质量的信道变化;链路管理器还提供服务质量(QoS)保障机制;每一条蓝牙链路都具有一个用于链路监控的计时器,链路管理器利用该计时器对超时情况进行监控;另外,LMP具有不同蓝牙测试模式的PDU,测试模式主要用于基带等的测试(也可用于蓝牙设备的鉴权);链路管理器中针对各种错误,有相应的出错处理,还能够监测链接中错误信息的数量,一旦超过阈值就将其断开。

3.通过连接的发起、交换、核实,完成身份鉴权和加密等安全方面的任务。包括链接字(用于身份鉴权)的创建、改变、匹配检验;协商加密模式、加密字长度;加密的开始和停止等。

4.控制微微网内及微微网之间蓝牙组件的时钟补偿和计时精度。蓝牙的链路管理器可以从其他链路管理器那里请求时间偏移信息(主单元请求,从单元告诉它目前自身存储的时间偏移,而该时间偏移则是从单元自身在和主单元进行某些数据包交换的过程中得到的)、时隙偏移信息(时隙偏移就是微微网内主单元和从单元传送的开始时隙之间的时间差,时间差的单位是毫秒)、计时精度信息。这些信息对微微网内部和微微网间的正常通信是至关重要的,LMP还支持多时隙分组控制。

5.控制微微网内蓝牙组件的工作模式。链路管理器还可以控制工作模式转换过程(强迫或者请求某台设备把所处工作模式转换为以下模式之一:

保持、呼吸或者休眠）。在休眠模式下,链路管理器会负责广播消息给休眠的设备、处理信号参数,以及唤醒休眠的设备等任务,链路管理器还会负责解除休眠。

6.其他功能。包括支持对链路管理器协议版本信息的请求、请求命名、主从角色切换等。

(三)逻辑链路控制和适配协议(L2CAP)

逻辑链路控制和适配协议(L2CAP)位于基带层之上,向上层协议提供服务,可以认为它与LMP并行工作,它们的区别在于L2CAP为上层提供服务时,负荷数据不通过LMP进行传递。

L2CAP向上层提供面向连接的和无连接的数据服务,它采用了多路技术、分割和重组技术、群提取技术。L2CAP允许高层协议及应用以最大为64KB的长度收发数据包。

虽然基带协议提供了SCO和ACL两种连接类型,但L2CAP只支持ACL连接,不支持SCO连接。

L2CAP有以下关键作用:完成数据的拆装,基带与高层协议间的适配,并通过协议复用、分段及重组操作为高层提供数据业务和分类提取,它允许高层协议和应用接收或发送达64KB的L2CAP数据包。数据重传和低级别流控也由L2CAP协议完成。

1.协议复用。L2CAP支持协议复用,因为基带协议里没有用于标识更高层协议"类型"的字段,所以L2CAP必须能够区分高层协议,如蓝牙服务搜索协议(SDP)、RFCOMM和电话控制(TCS)。在信道上收到的每一个L2CAP分组都指向相应的高层协议。

2.信道的连接、配置、打开和关闭。L2CAP实际上遵循的是一个基于信道的通信模型。一条信道代表远程设备上两个L2CAP实体间的数据流。信道可以是对向连接的,也可以是无连接的。对向连接的数据信道提供了两设备之间的连接,无连接的信道限制数据向单一方向流动。但要注意,如果一开始两个设备之间没有物理链路存在,系统会使用LMP命令来产生物理链路。

3.分段与重组。蓝牙与其他有线物理介质相比,由基带协议定义的分组在大小上受到限制。大 L2CAP 分组必须在无线传输前分段成为多个小基带分组。同样,收到多个小基带分组后也可以重新组装成大的单一的 L2CAP 分组。在使用比基带分组更大的分组协议时,必须使用分段与重组(SAR)功能。实际上,所有 L2CAP 分组都可以在基带分组的基础上进行分段。

4.服务质量(QoS)。L2CAP 连接建立过程中,允许交换两个蓝牙单元之间的服务质量信息,每个 L2CAP 设备必须监视由协议使用的资源并保证服务质量(QoS)的完整实现。L2CAP 还提供 QoS 授权控制,以避免其他信道违反 QoS 协定。

5.组管理。许多协议包含地址组的概念。L2CAP 组管理协议提供允许在微微网成员与组之间有效映射的单元组概念,L2CAP 组概念可以实现在微微网上的有效协议映射。如果没有组概念,为了有效管理组,高层协议就必须直接与基带协议和链路管理器打交道。

(四)服务发现协议(SDP)

在蓝牙系统中,提供服务的设备有可能是在不断移动的,而且在移动的过程中,可能有新的设备加入或者原先的设备离开,所以为使用蓝牙技术的设备制定一个程序来帮助用户方便地挑选这些服务就显得尤为重要。并且,蓝牙设备常常是在一种未知的情况下相遇,所以必须制定一个标准化的程序来查找、定位并标识这些设备。蓝牙协议栈中的服务发现协议(SDP)就可用来查找附近存在的蓝牙设备,一旦找到了某些附近的蓝牙设备提供的可用服务,用户就可以选择使用其中的一个或多个服务。由此可见,服务发现协议对于蓝牙系统来说至关重要,它是所有使用模式的基础。使用 SDP 可以查询到设备信息、服务和服务类型,从而在蓝牙设备间建立相应的连接。

SDP 支持以下 3 种类型的服务查询方式:通过服务种类来查询服务、通过服务特征属性来查询服务、通过服务浏览方式来查询服务。前两种方式用于查询已知的特定的服务,类似于查询:"服务 A 或具有特征 B 和 C 的服务 A 存在吗?"最后一种查询方式是最一般的服务查询方式,它类似于查询:"现在有些什么服务可以使用?"SDP 将服务分为不同的服务种类,每一个服务种类中有若干服务可以被使用。这些服务由服务的特征属性来确定,并存储于服务器端以供客户端查询使用。以上3种服务查询方式可以概括为两种情况：①在用户未知的情况下，客户端设备与其附近被搜索到的设备进行连接来执行服务查询；②在用户已知的情况下，客户端设备与其他设备连接来执行服务查询。无论是以上哪种情况，客户端设备都需要先发现其邻近的设备，再与之建立连接，然后再查询它们所提供的服务。

三、电缆替换协议（RFCOMM）

RFCOMM是基于TS 07.10规范的串口仿真协议。电缆替换协议在蓝牙基带上仿真RS-232来控制数据信号，为使用串行传送机制的上层协议（如OBEX）提供服务。

蓝牙技术的目的是替代电缆。很明显，最应该替代的似乎就是串行电缆。要想有效地实现这一点，蓝牙协议栈就需要提供与有线串行接口一致的通信接口，以便能为应用提供一个熟悉的接口，使那些不曾使用过蓝牙通信技术的传统应用能够在蓝牙链路上无缝地工作。对于熟悉串行通信应用开发的人员来说，无须做任何改动即可保证应用能在蓝牙链路上正常工作。然而传输的协议并不是专门为串口而设计的。

SIG在协议栈中定义了一层与传统串行接口十分相似的协议层，这层协议就是RFCOMM，其主要目标是要在当前的应用中实现电缆替代方案。RFCOMM使用L2CAP实现两个设备之间的逻辑串行链路的连接。需要特别指出的是，一个对向连接的L2CAP信道能将两个设备中的两个RFCOMM实体连接起来，在给定的时间内，两个设备之间只允许有一个RFCOMM连接，但是这个连接可以被复用，所以设备间可以存在多个逻辑串行链路。第一个RFCOMM的客户端在L2CAP上建立RFCOMM连接；已有连接上的其他用户能够利用RFCOMM的复用能力，在已有的链路上建立新的信道；最后关闭RFCOMM串行链路的用户将结束RFCOMM连接。

四、电话传送控制协议

（一）二元电话控制协议（TCS Binary）

二元电话控制协议（TCS Binary或TCS BIN）是面向比特的协议，它定义了蓝牙设备间建立语音和数据呼叫的呼叫控制信令。此外，还定义了处理蓝牙TCS设备群的移动管理进程。基于ITU-TQ.931建议的TCS Binary被定义为蓝牙的二元电话控制协议规范。

(二)电话控制协议AT命令集(AT Commands)

蓝牙SIG根据GSM07.07等定义了在多使用模式下控制移动电话和调制解调器的AT命令集(可用于传真业务)。

五、选用协议

(一)点对点协议(PPP)

在蓝牙技术中,PPP位于RFCOMM上层,完成点对点的连接。

(二)TCP/UDP/IP

TCP/UDP/IP协议是由IEEE制定的、广泛应用于互联网通信的协议。

在蓝牙设备中使用这些协议是为了与和互联网相连接的设备进行通信。蓝牙设备均可以作为访问Internet的桥梁。

(三)对象交换协议(OBEX)

IrOBEX(简写为OBEX)是由红外数据协会(IrDA)制定的会话层协议,它采用简单的和自发的方式交换目标。假设传输层是可靠的,OBEX就能提供诸如HTTP等一些基本功能,采用客户—服务器模式,独立于传输机制和传输应用程序接口(API)。除了OBEX协议本身,以及设备之间的OBEX保留用"语法",OBEX还提供了一种表示对象和操作的模型。

另外,OBEX协议定义了"文件夹列表"的功能目标,用来浏览远程设备上文件夹的内容。在第一阶段,RFCOMM被用作OBEX的唯一传输层,将来可能会支持TCP/IP作为传输层。

(四)无线应用协议(WAP)

无线应用协议(WAP)是由无线应用协议论坛制定的,它融合了各种广域无线网络技术,其目的是将互联网的内容及电话业务传送到数字蜂窝电话和其他无线终端上。

选用WAP,可以充分复用为无线应用环境(WAE)所开发的高层应用软件,包括能与PC上的应用程序交互的WML和WTA浏览器。构建应用程序网关就可以对WAP服务器和PC上的某些应用程序进行调节,从而可以实现各种各样隐含的计算功能,如远程控制、从PC到手持机预取数据等。WAP服务器还允许在PC和手持机之间交换信息,带来信息中转的概念。WAP框架也使得使用WML和WML Seript作为通用的软件开发工具来为手持设备开发定制应用程序成为可能。

六、主机控制接口(HCI)功能规范

(一)通信方式

主机控制器接口(Host Controller Interface,HCI)是通过包的方式来传送数据、命令和事件的,所有在主机和主机控制器之间的通信都以包的形式进行,包括每个命令的返回参数都通过特定的事件包来传输。HCI有数据、命令和事件三种包,其中数据包是双向的,命令包只能从主机发往主机控制器,而事件包始终是从主机控制器发向主机的。主机发出的大多数命令包都会触发主机控制器产生相应的事件包作为响应。命令包分为6种类型。

1.链路控制命令。链路控制命令是允许主机控制器控制其他蓝牙设备的连接。在链路控制命令运行时,链路管理(LM)控制蓝牙微微网与散射网的建立与维持。这些命令指示LM创建及修改与远端蓝牙设备的连接链路,查询范围内的其他蓝牙设备及其他链路管理协议命令。

2.链路策略命令。用于改变本地和远端设备链路管理器的工作方式,允许主机以适当的方式管理微微网。

3.主机控制和基带命令。主机控制器及基带命令提供对蓝牙硬件的各种能力的访问和控制。

4.信息命令。这些信息命令的参数是由蓝牙硬件制造商确定的,它们提供了关于蓝牙设备、主机控制器、链路管理器及基带的信息。主机设备不能更改这些参数。

5.状态命令。状态命令提供了目前HCI、LM及BB(基带)的状态信息,这些状态参数不能被主机改变,除了一些参数可以被重置。

6.测试命令。测试命令能够测试蓝牙硬件各种功能,并为蓝牙设备的测试提供不同的测试条件。

(二)通信过程

当主机与基带之间用命令的方式进行通信时,主机向主机控制器发送命令包。主机控制器完成一个命令,大多数情况下,它会向主机发出一个命令完成事件包,包中携带命令完成的信息。有些命令不会收到命令完成事件包,而会收到命令状态事件包,若收到该事件包则表示主机发出的命令已经被主机控制器接收并开始处理,过一段时间该命令被执行完毕时,主机控制器会向主机发出相应的事件包来通知主机。如果命令参数有误,则会在命令状态事件包中给出相应的错误码。假如错误出现在一个返回 Command Complete 事件包的命令中,则此 Command Complete 事件包不一定含有此命令所定义的所有参数。状态参数可解释错误的原因,同时也是第一个返回的参数,且总是要返回的。假如紧随状态参数之后是连接句柄或蓝牙的设备地址,则此参数也总是要返回的,这样可判别出此 Command Complete 事件包属于哪个实例的一个命令。在这种情况下,事件包中连接句柄或蓝牙的设备地址应与命令包中的相应参数一致。假如错误出现在一个不返回 Command Complete 事件包的命令中,则事件包中的所有参数不一定都是有效的。主机必须根据与此命令相联系的事件包中的状态参数来决定它们的有效性。

(三)HCI流量控制

HCI 的流量控制是为了管理主机和主机控制器中有限的资源并控制数据流量而设计的,由主机管理主机控制器的数据缓存区,主机可动态地调整每个连接句柄的流量。

对于命令包的流量控制,主机在每发一个命令之前都要确定当前能发命令包的数目。当然,在开机和重启时发命令包可以不用考虑接收情况,直到收到命令完成事件包或命令状态事件包为止。因为在每个命令完成事件包和命令状态事件包中都有 Num_HCI_Command_Packets 选项表明当时主机能向主机控制器发送的命令包的数目,而对于每个命令必然会有相应的命令完成事件包和命令状态事件包,主机就能控制命令包不会溢出。

对于数据包的流量控制,一开始,主机调用 Read_Buffer_Size 命令,该命令返回的两个参数决定了主机能发往主机控制器的 ACL 和 SCO 两种数据包的大小的最大值,同时两个附加参数则说明了主机控制器能接收的 ACL 和 SCO 数据包总的数目。每隔一段时间,主机控制器会向主机发 Number_Of_Complete_Packets 事件,该事件的参数值表明对每个连接句柄已经处理的数据包的数目(包括正确传输和被丢弃的)。主机根据一开始就知道的总数,减去已经处理的包的数目,则可计算出还能发送多少数据包,从而控制数据包的流量。

如有必要,HCI 的流量控制也可由主机控制器来实现对主机的控制,可以通过 HCI_Set_Host_Controller_To-Host_Flow_Control 命令来设置,其控制过程基本与主机控制过程类似,只是命令稍有不同。当主机收到断链确认的事件后,就认为所有传往主机控制器的数据包已经全部被丢弃,同时主机控制器中的数据缓冲区也被释放了。

第三节 蓝牙组网与蓝牙路由机制

一、蓝牙网络拓扑结构

蓝牙支持点对单点和点对多点通信。蓝牙最基本的网络组成是微微网,而微微网实际上是一种个人局域网,即一种以个人区域(即办公室区域)为应用环境的网络结构。这里要指出的是,微微网并不能够代替局域网,它只是用来代替或简化个人区域的电缆连接的。

微微网由主设备单元和从设备单元两种设备单元构成。主设备单元负责提供时钟同步信号和调频序列,而从设备单元一般是受控同步的设备单元,并接受主设备单元的控制。在同一微微网中,所有设备单元均采用同一调频序列。一个微微网中,一般只有一个主设备单元,而从设备单元目前最多可以有七个。

当主设备单元为一个,从设备单元也是一个时,这种操作方式是单一从方式;当主设备单元是一个,从设备单元是多个时,这种操作方式是多从方式。例如,办公室的 PC 可以是一个主设备单元,而无线键盘、无线鼠标和无线打印机可以充当从设备单元的角色。

不同的微微网之间可以互相连接。蓝牙标准指出,几个相互独立并不同步的、以特定方式连接起来的微微网构成了散射网络,又称为微微互联网。相邻或相近的不同的微微网采用不同的调频序列以避免干扰。一个微微网中的主设备单元同时也可以作为另一个微微网中的从设备单元,我们把这种设备单元叫作复合设备单元。对于多个微微网络,在 10 个满负荷、独立的微微网络结构中,全双工速率不会超过 6Mbps。这是因为系统需要同步,同步信号占一定的开销,使数据传输量降低 10%,故而使数据速率有所降低。

二、蓝牙路由机制

目前,蓝牙技术仍不完善,如蓝牙的传输距离短,要突破目前 10 米的限制,使通话范围扩大到整个楼层,甚至整个大楼还比较困难,且不支持漫游功能。它可以在微微网或散射网络之间切换,但是每次切换都必须断开与当前 APN 的连接。这对于某些应用是可以忍受的,然而对于数据同步传输和信息提取等要求自始至终保持稳定的数据连接的应用来说,这样的切换将使传输中断,是不能允许的。要解决这一问题,当务之急是将移动 IP 技术与蓝牙技术有效地结合在一起。

为加快蓝牙技术的实用化进程,对蓝牙技术及其协议的研究与完善十分必要。这是针对蓝牙规范的,并在此基础上提出一种全新的蓝牙路由机制。该机制中信息交换中心与固定蓝牙主设备之间通过有线电缆连接,二者之间的通信不通过蓝牙跳频技术,移动终端与 FM 之间进行正常的蓝牙通信。这样可使不同信息交换中心的移动终端之间进行路由切换,可使蓝牙网络突破 10 米的限制,从而覆盖整个楼层,甚至整个大楼。蓝牙路由机制包括 3 个主要的功能模块:①信息交换中心(MSC)。负责跟踪系统内各蓝牙设备的漫游,并在数据包传输过程中充当中继器,它通过光缆或双绞线直接与固定蓝牙主设备(FM)连接;②固定蓝牙主设备(FM)。位置间隔是固定的,在信息交换中心与其他蓝牙设备,如移动终端(MT)之间提供接口;③移动终端(MT)。移动终端是普通的蓝牙设备,与其他普通的蓝牙设备或更大的蓝牙系统之间进行通信。移动终端(MT)是固定蓝牙主设备(FM)的从设备,固定蓝牙主设备FM是信息交换中心(MSC)的从设备。在MT与FM之间进行连接建立的过程中,FM是主设备,当连接建立完成后,MT与FM之间要进行主从转换。

在该蓝牙路由机制中,链路管理协议(LMP)被用来传输路由协议数据单元(PDU)。此外,在固定蓝牙主设备与信息交换中心链路之间使用了一种修改的蓝牙基带连接,且不使用蓝牙跳频技术。

(一)信息交换中心(MSC)

信息交换中心是整个蓝牙路由机制的核心部分,没有MSC,一个区域的蓝牙设备就不能够与10米外的其他蓝牙设备进行通信。MSC应放置在相对于各个FM的中心位置,如建筑物的中心位置或Internet的接口处。MSC通过光缆或双绞线直接与FM进行连接,所以理论上MSC与FM之间没有距离的约束。但MSC不直接与MT进行连接通信,而是通过FM来与MT进行连接通信的。

信息交换中心有3个主要的功能:通过路由表跟踪和定位本系统内所有蓝牙设备;在2个属于不同微微网的蓝牙设备之间建立路由连接,并在设备之间交流路由信息;在需要的情况下帮助完成系统的切换功能。此外,如果MSC连接到一个Internet端口,则对于BRS系统,MSC起到一个网关的作用,这就使得蓝牙信息流可以出入该BRS系统或进入到其他蓝牙系统。

1.路由表。MSC路由表包含了所有的FM及其从设备(如MT)的地址。路由表分2层,每当有MT进入/离开一个FM微微网或每当一个FM被激活/使不活动时,路由表就更新一次。一个MT可以有多个入口(即可以属于多个FM的从设备),但在一个FM微微网中只有一个入口。

2.路由的建立。通常情况下,蓝牙设备会向MSC发出路由连接请求,该请求信息包含被请求连接蓝牙设备的地址。发出连接请求的蓝牙设备可能是FM或MT。在路由连接中,发出连接请求的蓝牙设备是源端,被请求连接的蓝牙设备是目的端。当MSC收到该路由的连接请求时,它将会通知目的端。如果目的端是FM,MSC将直接把路由连接请求信息发给FM,如果目的端是 MT,MSC 将通过路由表找到该 MT 所属的 FM 微微网,进而通过此 FM 转发路由连接请示信息至目的端 MT。当目的端收到路由请求信息时,将通知 MSC,然后 MSC 通知源端可以进行通信。源端的基带数据包通过 MSC、FM 时要进行包头和接入码的检测,然后修改包头或接入码到下一链路。当路由链路出错或链路中有一蓝牙设备发出特殊链路管理信息来终止链路时,路由链路会被终止。

3.切换。MSC 可以帮助并加速完成 MT 从一个 FM 微微网切换到另一个 FM 微微网。当一个 MT 需要 MSC 来帮助完成切换时,它会通过当前的 FM 向 MSC 发送切换请求信息。切换请求信息包含发出请求的 MT 蓝牙地址,新的 FM 的地址,及 MT 与新的 FM 之间的时钟偏移量。MSC 收到 MT 的切换请求后,会把 MT 的蓝牙地址及 MT 与新的 FM 之间的时钟偏移量发送给新的 FM,并通知新的 FM 对 MT 进行寻呼。这样会减少新的 FM 进行寻呼的时间,并在新的 FM 与 MT 之间不再进行主从转换,从而使整个切换时间快 7 倍(相对于 MSC 没有参与切换的情况下)。

(二)固定蓝牙主设备(FM)

FM 在位置上是固定的,通常是在房间里以覆盖最大范围。FM 是 MT 到 MSC 的接口,并负责 MT 与 MSC 之间信息的转换。此外,FM 也实现了正常的蓝牙功能。FM 通过光缆或双绞线与 MSC 进行连接,二者之间使用了一种修改的蓝牙基带连接,且不使用蓝牙跳频技术。FM 与 MT 之间进行正常的蓝牙通信。2 个 FM 之间不能够直接通信,需要 MSC 作为中介。

FM 除了具有正常的蓝牙功能外,还有许多其他功能。如接收新的蓝牙从设备进入整个 BRS 系统;通知 MSC 本 FM 微微网的变化;到其他 FM 微微网的路由信息;在本 FM 微微网和 MSC 之间充当中继器的角色。

(三)蓝牙移动终端(MT)

MT 是普通的蓝牙设备,此外还附加一些特殊的功能。MT 直接与 FM 进行通信,或通过 FM、MSC 与 BRS 系统内的其他蓝牙设备进行通信。当与 MSC 进行通信时,FM 起到中继器的作用;当与超出本 FM 微微网范围的其他 FM 或 MT 进行通信时,必须通过 MSC。相对于 FM、MSC,MT 的附加功能要少些,但可共享 FM 的一些特殊功能。MT 的主要特点是：可进出一个 FM 微微网；当从一个 FM 微微网漫游到另一个 FM 微微网时，可以发出切换帮助信息；可以与本 FM 微微网外的其他蓝牙设备建立连接进行通信。

(四)BRS 系统与外部的路由连接

当 BRS 系统与外部进行路由连接时，MSC 起到网关的作用。路由的源端、目的端可能是蓝牙设备，也可能不是蓝牙设备。

在 BRS 系统之间，各 BRS 系统的 MSC 通过以太网连接构成一个非对向连接的系统。各个 MSC 对从其他 MSC 传送过来的蓝牙数据包，进行接入码中蓝牙地址的检测，只有与路由表相匹配的包才会被转发，否则拒绝该包。

BRS 与 LAN/WAN 之间的路由：源端的 MSC 在发送蓝牙数据包时，加上 TCP/IP 包头，然后通过 LAN/WAN 路由到目的端，目的端的 MSC 收到包后再去掉 TCP/IP 包头。

蓝牙路由机制 BRS 基于现行最新蓝牙协议规范，并做了适量的修改，具有一定的灵活性和可升级性。相信随着蓝牙技术及其协议的不断完善，路由机制将成为蓝牙技术的一个重要方面。

第五章 WLAN无线通信技术

第一节 WLAN的内容

一、WLAN技术标准

WLAN是利用无线通信技术在局部范围内建立的网络，是计算机网络与无线通信技术相结合的产物，它以无线多址信道作为传输媒介，提供传统有线局域网（Local Area Network，LAN）的功能，能够使用户真正实现随时、随地、随意的宽带网络接入。

由于WLAN是基于计算机网络与无线通信技术的，在计算机网络结构中，逻辑链路控制层及其之上的应用层对不同的物理层的要求可以是相同的，也可以是不同的，因此，WLAN标准主要是针对物理层和媒体访问控制层，涉及所使用的无线频率范围、空中接口通信协议等技术规范与技术标准。

WLAN中主要的协议标准有802.11系列、Hiper LAN、Home RF等。802.11系列协议是由IEEE制定的，目前是居于主导地位的无线局域网标准。

下面分别对这些协议标准进行介绍。

(一)802.11系列

1.IEEE 802.11。1990年IEEE 802标准化委员会成立了IEEE 802.11WLAN标准工作组。IEEE 802.11，别名Wi-Fi（Wireless Fidelity，无线保真），是1997年6月由大量的局域网及计算机专家审定通过的标准，该标准定义了物理层和媒体访问控制层规范。物理层定义了数据传输的信号特征和调制，定义了两个射频(RF)传输方法和一个红外线传输方法,RF传输标准是跳频扩频和直接序列扩频,工作在 2.4～2.4835GHz 频段。

IEEE 802.11 是 IEEE 最初制定的一个无线局域网标准,主要用于解决办公室局域网和校园网中用户与用户终端的无线接入,业务主要限于数据访问,速率最高只能达到2Mbps。由于它在速率和传输距离上都不能满足人们的需要,所以 IEEE 802.11 标准被 IEEE 802.11b 所取代。

2.IEEE 802.11b。1999 年 9 月,IEEE 802.11b 被正式批准,该标准规定 WLAN 工作频段为 2.4～2.4835GHz,数据传输速率达到 11Mbps,传输距离控制在 50～150 英尺(1 英尺≈0.3048 米)。该标准是对 IEEE 802.11 的一个补充,采用补偿编码键控调制方式,利用点对点模式和基本模式两种运作模式,在数据传输速率方面可以根据实际情况在 11Mbps、5.5Mbps、2Mbps、1Mbps 的不同速率间自动切换,它改变了 WLAN 设计结构,扩大了 WLAN 的应用领域。

IEEE 802.11b 已成为当前主流的 WLAN 标准,被多数厂商所采用,所推出的产品广泛应用于办公室、家庭、宾馆、车站、机场等众多场合,但是由于许多 WLAN 新标准的出现,使 IEEE 802.11a 和 IEEE 802.11g 备受业界关注。

3.IEEE 802.11a。1999 年,IEEE 802.11a 标准制定完成,该标准规定 WLAN 的工作频段为5GHz,数据传输速率达到 54～72Mbps,传输距离控制在 10～100 米。该标准也是 IEEE 802.11 的一个补充,扩充了标准的物理层,采用正交频分复用(OFDM)的独特扩频技术和 QFSK 调制方式,可提供25Mbps 的无线 ATM 接口和 10Mbps 的以太网无线帧结构接口,支持多种业务,如语音、数据和图像等,一个扇区可以接入多个用户,每个用户可带多个用户终端。

IEEE 802.11a 标准是 IEEE 802.11b 的后续标准,其设计初衷是取代 802.11b 标准,然而,工作于 2.4GHz 频段是不需要执照的,该频段属于工业、教育、医疗等专用频段,是公开的,工作于 5GHz 频段是需要执照的。一些公司仍没有表示对 802.11a 标准的支持,它们更加看好最新混合标准——802.11g。

4.IEEE 802.11g。IEEE 802.11g标准具有 IEEE 802.11a 的传输速率,安全性较 IEEE 802.11b 好,采用两种调制方式,含 802.11a 中采用的 OFDM 与

802.11b中采用的CCK,可以与802.11a和802.11b兼容。虽然802.11a较适用于企业,但WLAN运营商为了兼顾现有802.11b设备投资,选用802.11g的可能性极大。

5.IEEE 802.11n。IEEE802.11n是在802.11g和802.11a之上发展起来的一项技术,其最大的特点是速率提升,理论速率最高可达600Mbps。802.11n是Wi-Fi联盟继802.11a/b/g后提出的一个无线传输标准协议,可工作在2.4~2.4835GHz和5.15~8.825GHz两个频段。为了实现高带宽、高质量的WLAN服务,使无线局域网达到以太网的性能水平,802.11任务组N(TGn)应运而生。802.11n采用智能天线技术,通过多组独立天线组成的天线阵列,可以动态调整波束,保证WLAN用户能接收到稳定的信号,并可以减少其他信号的干扰。因此其覆盖范围可以扩大到数平方千米,使WLAN移动性得到极大的提高。802.11n标准直到2009年才得到IEEE的正式批准,但采用MIMO、OFDM技术的厂商已经很多,包括华为、TP-Link、Airgo、Bermai、Broadcom以及杰尔系统、Atheros、思科、Intel等,产品包括无线网卡、无线路由器等。

6.IEEE 802.11i。IEEE 802.11i标准结合IEEE 802.1x中的用户端口身份验证和设备验证,对WLAN的MAC层进行修改与整合,定义了严格的加密格式和鉴权机制,以改善WLAN的安全性。802.11i新修订标准主要包括两项内容:Wi-Fi保护访问技术和强健安全网络。Wi-Fi联盟计划采用802.11i标准作为WPA的第2个版本,并于2004年初开始实行。

IEEE 802.11i标准在WLAN网络建设中是相当重要的,数据的安全性是WLAN设备制造商和WLAN网络运营商应该首先考虑的头等工作。

7.IEEE 802.11e/f/h。IEEE 802.11e标准对WLAN的MAC层协议提出改进,以支持多媒体传输,支持所有WLAN无线广播接口的服务质量保证QoS机制。

IEEE 802.11f定义了访问节点之间的通信,支持IEEE 802.11的接入点互操作协议(IAPP)。IEEE 802.11h是用于802.11a的频谱管理技术。

8.IEEE 802.11ac。2013年12月,IEEE 802.11ac正式获批,该标准规定WLAN工作频段在5GHz频段,数据传输速率可达到422~867Mbps。该标准核心技术主要基于802.11a继续工作在5GHz频段上,以保证向下兼容,但在通道的设置上,802.11ac沿用802.11n的MIMO技术,802.11ae的数据传输通道大大扩充,在当前20MHz的基础上增至40MHz或者80MHz,甚至有可能达到160MHz,再加上大约10%的实际频率调制效率提升,最终理论传输速度将由802.11n最高的600Mbps跃升至1Gbps。博通是全球第一个使用802.11ac技术的芯片厂商,目前使用其5G芯片的著名品牌有三星、HTC等。

2016年,第2波802.11ac来了,第2波802.11ac通常被定义为如下:①支持3个以上MIMO流;2个或3个MIMO流比较常见,该标准指定多达8个;②信道带宽高达160MHz;③支持多用户MIMO,这让接入点(AP)在每个发射周期可将不同的传输发送到多个客户端。

虽然在2016年年底时并非所有这些功能都已实现,但无线电架构、固件、天线和管理软件预期的改进意味着第2波802.11ac迅速成为2017年技术趋势的新基准。

(二)HiperLAN

欧洲电信标准化协会(ETSI)的宽带无线电接入网络(BRAN)小组着手制定Hiper(High Performance Radio)接入泛欧标准,已推出HiperLAN/1和HiperLAN/2。HiperLAN/1推出时,数据速率较低,没有被人们重视。2002年2月,BRAN小组公布了HiperLAN/2标准。HiperLAN/2标准在5GHz频段上运行,并采用OFDM调制方式,物理层最高速率可达54Mbps,是一种高性能的局域网标准。HiperLAN/2标准详细定义了WLAN的检测功能和转换信令,用以支持许多无线网络,支持动态频率选择、无线信元转换、链路自适应、多束天线和功率控制等。该标准在WLAN性能、安全性、服务质量(QoS)等方面也给出了一些定义。HiperLAN/1对应IEEE 802.11b,HiperLAN/2与IEEE 802.11a具有相同的物理层,它们可以采用相同的部件。HiperLAN/2标准也是目前较完善的WLAN协议。

(三)HomeRF

HomeRF工作组是由美国家用射频委员会于1997年牵头成立的,其主要工作是为家庭用户建立具有互操作性的语音和数据通信网。在美国联邦通信委员会(FCC)正式批准HomeRF标准之前,HomeRF工作组于1998年为在家庭范围内实现语音和数据的无线通信制定出一个规范,即共享无线访问协议(SWAP)。该协议主要针对家庭无线局域网,其数据通信采用简化的IEEE 802.11协议标准。之后,HomeRF工作组又制定了HomeRF标准,用于实现PC和用户电子设备之间的无线数字通信,是IEEE 802.11与泛欧数字无绳电话标准(DECT)相结合的一种开放标准。HomeRF标准采用扩频技术,工作在2.4GHz频段,数据传输速率为1～2Mbps。可同步支持4条高质量语音信道并且具有低功耗的优点,适合用于笔记本电脑。2001年8月推出HomeRF 2.0版,集成了语音和数据传送技术,工作频段为10GHz,数据传输速率可达到10Mbps,在WLAN的安全性方面主要考虑访问控制和加密技术。

HomeRF是针对无线通信标准的综合和改进,进行数据通信时,采用IEEE 802.11规范中的TCP/IP传输协议;进行语音通信时,则采用数字增强型无绳通信标准。HomeRF无线家庭网络有以下特点:通过拨号、DSL或电缆调制解调器上网;传输交互式语音数据采用TDMA技术,传输高速数据包采用CSMA/CA技术;数据压缩采用LZRW3-A算法;不受墙壁和楼层的影响;通过独特的网络ID来实现数据安全;无线电干扰影响小;支持近似线性音质的语音和电话业务。

除了IEEE 802标准委员会、欧洲电信标准化协会和美国家用射频委员会之外,无线局域网联盟WLANA(Wireless LAN Association)在WLAN的技术支持和实施方面也做了大量的工作。WLANA是由无线局域网厂商建立的非营利性组织,由3Com、Aironet、思科、Intersil、朗讯、诺基亚、Symbol和中兴通讯等厂商组成,其主要工作是验证不同厂商的同类产品的兼容性,并对WLAN产品的用户进行培训等。

二、WLAN的技术特点

WLAN是利用空气中的电磁波发送和接收数据的,而无须线缆介质。它是对有线联网方式的一种补充和扩展,使连网的计算机具有可移动性,能快速方便地解决使用有线方式不易实现的网络连通问题。与有线网络相比,WLAN具有以下优点。

第一,安装便捷。一般在网络建设中,施工周期最长、对周边环境影响最大的,就是网络布线施工工程。在施工过程中,往往需要破墙掘地、穿线架管。而WLAN最大的优势就是免去或减少了网络布线的工作量,一般只要安装一个或多个接入点设备,就可建立覆盖整个建筑或地区的局域网络。

第二,使用灵活。在有线网络中,网络设备的安放位置受网络信息点位置的限制,而一旦WLAN建成后,在无线网的信号覆盖区域内任何一个位置都可以接入网络。

第三,经济节约。由于有线网络缺少灵活性,这就要求网络规划者尽可能地考虑未来发展的需要,往往会导致预设大量利用率较低的信息点;一旦网络的发展超出了设计规划,又要花费较多费用进行网络改造。WLAN可以避免或减少以上情况的发生。

第四,易于扩展。WLAN有多种配置方式,能够根据需要灵活选择。这样,WLAN就能胜任从只有几个用户的小型局域网到上千用户的大型网络,并且能够提供像"漫游"等有线网络无法提供的功能。

第五,安全性。在安全性方面,无线扩频通信本身就起源于军事上的防窃听技术,而有线链路沿线均可能遭搭线窃听。

下面再从传输方式来简述WLAN的技术特点。

传输方式涉及无线局域网采用的传输媒体、选择的频段及调制方式。目前无线局域网采用的传输媒体主要有两种,即微波与红外线。采用微波作为传输媒介的无线局域网按调制方式不同,又可分为扩展频谱方式与窄带调制方式。

在扩展频谱方式中,数据基带信号的频谱被扩展至几倍到几十倍后再被搬移至射频发射出去。这一做法虽然牺牲了频段带宽,但提高了通信系统的抗干扰能力和安全性。由于单位频段内的功率降低,对其他电子设备的干扰也减小了。采用扩展频谱方式的无线局域网一般选择ISM频段,许多工业、科研和医疗设备辐射的能量集中于该频段。

欧美日等国家的无线管理机构分别设置了各自的ISM频段。例如,美国的ISM频段由902～928MHz、2.4～2.484GHz和5.725～5.850GHz三个频段组成。如果发射功率及带外辐射满足美国联邦通信委员会（FCC）的要求，则无须向FCC提出专门的申请即可使用这些ISM频段。

在窄带调制方式中，数据基带信号的频谱不做任何扩展即被直接搬移到射频发射出去。与扩展频谱方式相比，窄带调制方式占用频段少，频段利用率高。采用窄带调制方式的无线局域网一般选用专用频段，需要经过国家无线电管理部门的许可方可使用。当然，也可选用ISM频段，这样可免去向无线电管理委员会申请。但带来的问题是，当邻近的仪器设备或通信设备也在使用这一频段时，会严重影响通信质量，通信的可靠性无法得到保障。

基于红外线的传输技术最近几年有了很大的发展。目前广泛使用的家电遥控器几乎都采用红外线传输技术。作为无线局域网的传输方式，红外线方式的最大优点是这种传输方式不受无线电干扰，且红外线的使用不受国家无线管理委员会的限制。然而，红外线对非透明物体的透过性极差，这将导致传输距离受到限制。

三、WLAN的拓扑结构

WLAN拓扑网络结构类型有如下类型：点对点模式；基础架构模式；多AP模式；无线网桥模式；无线中继器模式；AP Client客户端模式；Mesh结构。

（一）点对点模式（Peer-to-Peer）

无中心拓扑结构，由无线工作站组成，用于一台无线工作站和另一台或多台其他无线工作站的直接通信，该网络无法接入到有线网络中，只能独立使用，无须无线接入点（AP），安全由各个客户端自行维护。

点对点模式中的一个节点必须能同时"看"到网络中的其他节点，否则就认为网络中断，因此此模式只能用于少数用户的组网环境，如4～8个用户。

（二）基础架构模式（Infrastrueture）

由无线接入点（AP）、无线工作站（STA）及分布式系统（DSS）构成，覆盖区域称为基本服务区（BSS）。AP用于在无线STA和有线网络之间接收、缓存和转发数据，所有无线通信都经过AP完成，AP通常能覆盖几十至几百用户，覆盖半径可达上百米。AP可连接有线网络，实现无线网络和有线网络的互联。

（三）多 AP 模式

多 AP 模式指由多个 AP 以及连接它们的分布式系统（DSS）组成的基础架构模式网络，也称为扩展服务区（ESS）。扩展服务区内的每个 AP 都是一个独立的无线网络基本服务区（BSS），所有 AP 共享同一个扩展服务区标示符（ESSID）。DSS 在 802.11 标准中并没有定义，但是目前大都指以太网。相同 ESSID 的无线网络间可以进行漫游，不同 ESSID 的无线网络形成逻辑子网。多 AP 模式有时也称为多蜂窝结构，蜂窝之间建议有 15% 的重叠，以便于无线工作站在不同的蜂窝之间进行无缝漫游。所谓漫游，是指一个用户从一个地点移动到另外一个地点，应该被认定为离开一个接入点，进入另一个接入点。在有线不能到达的情况下，可采用多蜂窝无线中继结构，要求中继蜂窝之间有 50% 左右的信号重叠，同时中继蜂窝内的客户端使用效率会下降 50%。

（四）无线网桥模式

利用一对无线网桥连接两个有线或者无线局域网网段，如果放大器和定向天线连用，传输距离可达 50 千米。

（五）无线中继器模式

无线中继器用来在通信路径的中间转发数据，从而延伸系统的覆盖范围。

（六）AP Client 客户端模式

AP Client 客户端模式也称为主从模式，在此模式下工作的 AP 会被主 AP（中心 AP）看成一台无线客户端，其地位和无线网卡等同。这种模式的好处在于能方便网管统一管理子网络。AP Client 客户端模式应用在室外的话，物理结构上类似点对多点的连接方式。

（七）Mesh 结构

无线 Mesh 网（Wireless Mesh Network，WMN）即无线网状网或无线多跳网，Mesh 的本意是指所有的节点都相互连接。传统的无线网络必须先访问无线 AP，称为单跳网络；无线 Mesh 网络的核心思想是让网络中的每个节点都可以发送和接收信号，称为多跳网络，它可以大大增加无线系统的覆盖范围,同时可以提高无线系统的带宽容量及通信可靠性,是一种非常有发展前途的宽带无线接入技术。

在传统WLAN中,每个AP必须与有线网络相连接,而基于Mesh结构的WLAN网络仅需要部分AP与有线网络相连,AP与AP之间采用点对点方式通过无线中继模式互联,实现逻辑上每个AP与有线网络的连接;这样就摆脱了有线网络受地域限制的不利因素,从而可以建设一个大规模的无线局域网络,使无线局域网的应用不再局限于以前的热点地区覆盖。

第二节 WLAN物理层技术

一、IEEE 802.11

IEEE于1999发布了最初的WLAN标准即IEEE 802.11,该标准提出了三种物理层技术:跳频扩频(FHSS)、直接序列扩频(DSSS)和红外(IR)。这三种物理层技术均支持1Mbps和2Mbps两种速率,其中IR很少使用,IEEE目前不再对其进行维护,FHSS和DSSS均为常见的扩频技术。

FHSS是通过收发双方设备无线传输信号的载波频率按照预定算法或者规律进行离散变化的通信方式,也就是说,无线通信中使用的载波频率受伪随机变化码的控制而随机跳变。在802.11中,FHSS把工作频谱(2.402~2.479GHz)划分成多个子频谱槽,其中每个子频谱槽带宽为1MHz。所有的站点在某个子频谱槽上工作一段时间后按照规定的跳转序列跳转到下一个子频谱槽上工作,以此循环往复。这样,实用带宽较实际需要的带宽扩大了,即扩频。FHSS使用的调制技术为FSK(Frequeney Shift Keying),其中2GFSK支持1Mbps速率,而4GFSK支持2Mbps速率。

DSSS技术的工作原理如图5-1所示,它直接用伪噪声序列对载波进行调制,要传送的数据信息需要经过信道编码后,与伪噪声序列进行模2运算生成复合码去调制载波。接收机在收到发射信号后,首先通过伪码同步捕获电路来捕获发送的伪码精确相位,并由此产生跟发送端的伪码相位完全一致的伪码作为本地解扩信号,以便能够及时恢复出原始数据信息,完成整个直扩通信系统的信号接收。与FHSS不同,FHSS没有对发送的载波进行附加编码,而DSSS则进行了一些特殊处理。首先,DSSS使用PSK(Phase Shift Keying,相移键控)调制技术对发送的数据进行调制,其中DPSK(差分相移键控)支持1Mbps速率,而DQPSK(差分四元相移键控)支持2Mbps速率;然后使用PN码去影响发送载波,PN码为{+1,−1,+1,+1,−1,+1,+1,+1,−1,−1,−1},其中每个符号称为chip。标准规定chip的速率为11Mchip/s,于是DSSS使用的符号速率为1Msymbol/s(波特率)。通过PN码的影响,载波持续时间减少,于是频谱得以拓展。在802.11标准中,DSSS使用的工作带宽为20MHz。

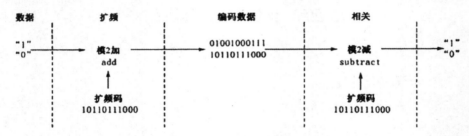

图5-1　DSSS工作原理图

二、IEEE 802.11b

IEEE 802.11b标准被称为高速直接序列扩频(High Rate DSSS,HR−DSSS)技术,支持11Mbps的数据传输速率。DSSS使用PN码对载波进行影响,其载波直接由需要发送的数据比特通过PSK得到,而HR−DSSS使用的PN码的意义和方法则与DSSS完全不同。

HR−DSSS使用的PN码称为码字(Code Word),该码字代替PN码对载波进行影响。此处,码字不再如PN码那样为固定值,而是通过补码键控(CCK)动态改变。CCK编码复杂,此处不进行深入阐述,仅说明原理。

CCK编码的基本原理为:把数据流多个比特(4或8)作为一个数据块,然后把该块分成两个子块。其中第一子块为2比特,通过DQPSK决定载波;而第二子块包含剩余比特,其通过规定公式被映射为8比特的码字。由于chip速率固定为11Mchip/s,对于8比特的码字,符号速率较DSSS系统的1Msymbol/s提高到1.375Msymbol/s。对于提高了的符号速率,当其传输4比特数据时整个数据传输速率为5.5Mbps（1.375×4），当其传输8比特数据时整个数据传输速率为11Mbps（1.375×8）。

注意：HR-DSSS仍然向后兼容DSSS系统。

三、IEEE 802.11a/g

IEEE 802.11a/g使用一种与DSSS完全不同的技术，即正交频分复用技术（OFDM）。在OFDM技术中，允许将FDM（频分复用）各个子载波重叠排列，同时保持子载波之间的正交性（以避免子载波之间的干扰），部分重叠的子载波排列可以大大提高频谱效率，因为相同的带宽内可以容纳更多的子载波。

802.11a与802.11g的主要不同在于使用的工作频段不同，前者使用5GHz频段而后者使用2.4GHz频段，但工作带宽均是20MHz。802.11a/g规定符号传输时间为4μs，其中800ns用于符号间隙，于是需要的带宽为0.312MHz（1/3.2μs）。接着把站点的工作带宽（20MHz）以0.3125MHz为粒度划分成52个子通道，其中48个子通道用来传输数据，在每个子通道上通过正交调幅即QAM技术来完成调制功能。为了增强数据的容错性，在进行QAM调制前，对数据进行容错编码，标准规定的编码方式为前向纠错码（FEC）。

通过OFDM、FEC和QAM技术，802.11a/g实现了对多种速率的支持，如表5-1所示。此外，为了避免长"1"或者长"0"的问题，QAM编码后，数据块并非按照顺序在子通道上进行传输而是按照一定的规则传输。

表5-1 802.11a/g参数

速率/Mbps	调制与编码速率	每载码编码位	每符号位编码	每符号位数据
6	BPSK，=1/2	1	48	24
9	BPSK，=3/4	1	48	36
12	QPSM，=1/2	2	96	48
18	QPSK，=3/4		96	72
24	16QAM，=1/2		192	96
36	16QAM，=3/4		192	144
48	64QAM，=2/3		288	192
54	64QAM，=3/4		288	216

四、IEEE 802.11n

IEEE 802.11n 是 IEEE 较新的无线局域网传输技术标准,其核心为多输入多输出(MIMO)技术。MIMO 技术在发射端和接收端均采用多天线(或阵列天线)和多信道的传输方式。

MIMO 系统将需要传输的数据先进行多重切割,然后利用多重天线进行同步传送。无线信号在传送过程中,会以多种多样的直接、反射或穿透等路径进行传输,从而导致信号到达接收天线的时间不一致,即所谓的多径效应。MIMO 技术充分利用了多径效应的特点,在接收端采用多重天线来接收数据,并依靠频谱相位差等方式来解算出正确的原始数据。利用 MIMO 技术不仅可以提高信道容量和频谱效率,同时也可以提高信道的可靠性、降低误码率。MIMO 是 IEEE 802.11n 标准所采用的最重要的技术之一。此外,802.11n 还增加了其他功能以提高数据传输速率,如 A-MSDU、A-MPDU、40MHz 双带宽传输等,以使最高传输速率到达 600Mbps,远高于 802.11a/g。

第三节 WLAN 的 MAC 层技术

一、概述

IEEE 802.11 使用的 MAC 技术为载波侦听多路访问/冲突避免(CSMA/CA),并且以此为基础衍生出了三种访问策略以支持不同的应用环境,即分布式协调功能(DCF)、点协调功能(PCF)、混合协调功能,这里仅介绍 DCF 和 PCF。

DCF 是支持异步数据传送的基本接入方法,IEEE 802.11 协议中所有站点必须支持 DCF 功能。DCF 可以在 Adhoe 网络中单独使用,也可以在基础结构网络中单独使用或者在基础结构网络中与 PCF 协同使用。DCF 的特点为:传送异步数据,所有要发送数据的用户具有同等的机会接入信道。DCF 适用于竞争业务。

PCF 是可选的机制,对向连接提供非竞争帧的发送。PCF 依靠协调点

(PointCoordinator,PC)实现轮询,保证轮询站点不通过竞争信道发送帧。每个BSS内PC的功能由AP来完成。PCF需要与DCF共存操作时,逻辑上位于DCF的上层。PCF适用于非竞争业务。

为了尽量避免冲突,802.11规定:所有的站在完成发送(接收站完成接收)后,必须再等待一段很短的时间才能发送下一帧。这段时间的通称是帧间隔(Inter Frame Space IFS),其长短取决于该站要发送的帧的类型。高优先级帧需要等待的时间较短,因此可优先获得发送权,但低优先级帧就必须等待较长的时间。若低优先级帧还没来得及发送而其他站的高优先级帧已发送到介质,则介质变为忙态因而低优先级帧就只能再推迟发送了。这样就减少了发生碰撞的机会。至于各种帧间隔的具体长度,则取决于所使用的物理层特性。

帧间隔包括以下几类:①短帧间隔(SIFS)。当站点获得信道的控制权,为了帧交换序列继续保持信道控制,这时就使用SIFS,提供了最高优先级;②点协调功能帧间隔(PIFS)。仅仅当站点在PCF模式下,为了在非竞争周期开始时获得信道的访问控制优先权而使用的。一旦在这个时间内监测到信道空闲,就可以进行无竞争的通信;③分布式协调功能帧间隔(DIFS)。站点在DCF方式下传输数据帧和管理帧所使用的时间间隔。如果载波侦听机制确定在正确接收到帧之后的DIFS时间间隔中,信道是空闲的,且退避时间已经过期,站点将进行发送;④扩展帧间隔(EIFS)。EIFS是为站点收到坏帧需要报告而设置的等待时间。EIFS越长,表明报告这种坏帧的优先级越低,必须等其他的帧都发送完毕后才能发送。

二、CSMA/CA

CSMA/CA(Carrier Sense Multiple Access with Collision Avoidance)利用ACK信号来避免冲突的发生,也就是说,只有当客户端收到网络上返回的ACK信号后才确认送出的数据已经正确到达目的地址。

CSMA/CA协议实质上就是在发送数据帧之前先对信道进行预约,其基本规则如下:①当站点需要发送报文时,首先要探测介质是否繁忙(Busy)。如果探测结果为繁忙则等待变为空闲后再次等待IFS后进行下一步处理;否则直接等待 IFS 后进行下一步处理;②当站点等待 IFS 后,如果上次发送时探测的结果为空闲则立即发送,否则需要随机回退,进入下一步处理;③如果随机回退定时器当前处于暂停状态,则重新启动该定时器并等待其超时;否则回退定时器设置为一个随机值并等待其超时。如果在定时器运行期间介质再次由空闲变为繁忙则暂停该定时器,并重新从第一步开始处理;否则定时器到期后进入下一步处理;④开始发送报文。如果发送失败却没有收到 ACIC,则重新从第一步开始处理。

在上述过程中,发送失败后的重试次数根据实际情况可以进行控制,同时发送失败也会影响回退随机值的选取。回退随机值:

$$T = \left(2^{R} - 1\right) Slot\_time$$

其中,R 从(0 ~ CW)中随机选择;Slot_time 由底层 PHY 决定,为固定值;而竞争窗口(Contension Window,CW)初始为 CW_{min},而后随着发送失败逐次递增,直到 CW_{max} 为止,在一定条件下 CW 重新恢复为 CW_{min}(CW_{min} 和 CW_{max} 由底层 PHY 决定)。

如上所述,介质的探测是报文发送的关键。在 802.11 协议中,可以通过两种方法来确定介质是否繁忙,即 CCA 和 NAV,其中 CCA(Channel Clear Assessment)是底层 PHY 来通告 MAC 介质是否繁忙的接口,而 NAV(Networks Alloeation Veetor)则由 MAC 自身来维护。MAC 探测介质是否繁忙的过程为:判断 NAV 值是否为 0(该值从最新接收到的报文的头部 Duration/ID 字段中获取),如果为 0 则通过 CCA 来判断介质是否繁忙;否则认为介质繁忙。

三、DCF 与 PCF

分布式协调功能(DCF)在 CSMA/CA 的基础上确定 IFS,DCF 使用的 IFS 被分为 DIFS 和 EIFS,其中 EIFS 仅仅在接收错误时(PHY 错误或者 CRC 错误)才使用,而 DIFS 在正常情况时使用。

DCF 提供了共享竞争式的介质访问方法,虽然保证了公平性,但也增加了冲突。对于那些对传输速率、时延、抖动要求高的站点,DCF 不能满足它们的要求。

为此,提出了点协调功能(PCF),其基本思想在于把对介质的访问分成周期性的时隙,而这个时隙又进一步分成两部分:非竞争期(Contention Free Period,CFP)和竞争期(Contention Period,CP)。CFP期间,介质由PC或者AP完全控制,其决定STA什么时候使用介质,以及使用多长时间;而CP期间,介质通过DCF共享,使得网络中的每个站点都有机会进行数据传输。

PC/AP是如何获得CFP期间的介质控制权的呢? 每个时段由PC发送含有特殊字段的信标帧开始,而发送Beacon之前,PC通过CSMA/CA获得介质访问权限。由于有其他站点的存在,PC使用CSMA/CA时,其IFS选取比DIFS小的PIFS,这样PC对介质具有优先访问权。CFP和CP由控制帧CF-End来分隔。

在CFP期间,PC通过发送带有CF-Poll标志的数据帧给站点以允许接收站点发送的数据。接收站点收到CP-Poll标志后可以传输一个数据报文。很明显,一次轮询(Poll)最多有两个数据报文可以发送,即PC到STA和STA到PC各一个数据报文。

此外,对数据报文的应答(ACK)可以通过"同步捎带"和"异步捎带"来完成。"同步捎带"即在数据报文中CF-ACK标志应答的是数据报文的接收者(对其上次传输报文的应答),而"异步捎带"应答的则是其他站点。总的来讲,CF-ACK是对PC上次接收数据的应答而与捎带该标志数据报文的接收者无直接关系。

如果没有站点对PC报文进行应答,那么PC是否会失去对介质的控制权呢? 答案是不会,因为PC可以通过PIFS重新获得控制权,而这一点是使用DIFS的站点无法做到的。

第六章 物联网的网络安全

第一节 物联网系统安全

一、系统安全的范畴

(一)嵌入式节点安全

随着物联网技术的迅猛发展,人们对于嵌入式节点的功能和性能要求越来越高,嵌入式系统在物联网中的作用也越来越突出。嵌入式系统的安全成为物联网中一个非常重要的安全问题。嵌入式设备的互联与移动特性日益突出,这也大大增强了对互联和安全性的要求。虽然可以借鉴桌面系统的安全增强方法,但受硬件资源和开发环境等因素的限制,嵌入式系统的安全比桌面系统更加复杂。

由于嵌入式系统对计算能力、面积、内存、能量等有着严格的资源约束,因此,直接将通用计算机系统的安全机制应用到嵌入式系统是不合适的。与通用计算机系统相比,嵌入式系统主要面临五大安全挑战。

1.资源受限。在通用计算机系统中,内存容量、GPU 计算能力和能量消耗等资源因素通常不是安全方案的主要关注点,而嵌入式系统对这些方面却十分敏感。

2.物理可获取。一些嵌入式设备具有便携和可移动的特点,这些设备在物理层容易被窃取或破坏,同时对存储在嵌入式设备中的敏感数据构成严重威胁。

3.恶劣的工作环境。与通用计算机系统的工作环境不同,许多嵌入式系统被要求在不信任的环境中,甚至在被不信任的实体获取后也能保持正常工作。

4.严格的稳定性和灵活性。一些嵌入式系统控制着关乎国家安全的重大设施,如电网、核设施等,因此,要求更加严格的稳定性和灵活性。

5.复杂的设计过程。为了满足严密的设计周期和费用限制,复杂的嵌入式系统组成的部件可能来源于不同的公司或组织,即使系统的每一个部件本身是安全的,部件间的集成也可能暴露新的问题。

一个安全的嵌入式系统的整体结构包括安全的底层硬件设备、安全的嵌入式操作系统、安全的应用程序。因此,嵌入式系统的设计需要通盘考虑安全问题,在综合考虑成本、性能和功耗等因素的基础上构建出一个完整的安全体系结构。由于很难通过软件设计来保证系统的全面安全性,因此需要借助硬件保证系统的安全性,降低设计的复杂度。同时,由于各类加密算法已经具有比较好的安全强度,因此,嵌入式系统安全设计的重点在硬件保护的设计上,而不是在加密算法上。就目前的软硬件环境而言,未来嵌入式系统安全技术的发展趋势将是以软硬件相结合为主导的。

(二)网络通信系统安全

网络通信系统安全是物联网系统安全中非常重要的组成部分,安全协议是保障通信安全的灵魂。安全协议是通过一系列步骤定义的分布式算法,这些步骤规定了两方或多方主体为达到某个安全目标要采取的动作。其目的是在网络信道不可靠的情况下,确保通信安全及传输数据的安全。为了实现不同的信息安全需求,需要借助不同类型的安全协议达到相应的目标,使用适当的安全机制加以实现。根据安全目标的不同,安全协议分为保密协议、密钥建立协议、认证协议、公平交换协议、电子投票协议等。

各种安全机制,如加密、签名、认证码等都是通过安全协议在实际应用中发挥作用的。具体的安全机制通常并不直接面向用户的安全需求,而是通过安全协议来实现。事实上,所有的信息交换必须在一定的协议规范下完成,并且所有的密码手段都将通过安全协议发挥自己的作用。形象地说,密码机制就像门锁一样,是保障房间安全的手段,而协议就像门一样,通过将锁安装在门上，实现对房间的安全保护。协议分析可以比喻为通过分析一把锁在门上安装的位置、方法等是否合理确定其能否达到保护房间的目的。根据采用的安全机制的不同，安全协议通常被分为对称加密、非对称加密和签名协议、承诺和零知识证明协议等。

安全协议还是各种安全信息系统之间的纽带。在网络的层次结构中，从硬件层面来看，网络是计算机的纽带；从软件层面来看，协议是信息系统间的纽带，而安全协议则是安全信息系统之间的纽带。人们通常将软件比作计算机的灵魂，那么，在网络环境下，安全协议就是信息安全保障的灵魂。没有安全协议，就没有信息的安全传输和存储，网络信息的安全需求就无法得到满足。可见，对于信息安全保障来说，安全需求是目标，安全机制是手段，网络是载体，安全协议是关键和灵魂。

安全认证是网络安全中一个非常重要的问题，一般分为节点身份认证和信息认证两种。身份认证又被称为实体认证，是接入控制的核心环节，是网络中的一方根据某种协议规范确认另一方身份并允许其做与身份对应的相关操作的过程。

无线传感器节点部署到工作区域之后，首先要进行邻居节点之间及节点和汇聚节点或基站之间的合法身份认证，为所有节点接入网络提供安全准入机制。随着不可信节点被发现、旧节点能量耗尽及新节点的加入等新情况的出现，一些节点需要从合法节点列表中清除，不同时段新部署的节点需要通过旧节点的合法身份认证完成入网手续。同时，来自汇聚节点或基站的控制信息要传达到每个节点，需要通过节点间的多跳转发来完成。因此，必须引入认证机制对控制信息发布源进行身份验证，确保信息的完整性，同时防止非法或可疑节点在控制信息的发布传递过程中伪造或篡改控制信息。

身份认证和控制信息认证的过程都需要使用认证密钥。在无线传感网的安全机制中，密钥的安全性是基础，相应的密钥管理是网络安全中最基本的问题。认证密钥和通信密钥同属于无线传感网中密钥管理的对象实体，前者保障了认证安全，后者直接为节点间的加、解密安全通信提供服务。

1.初始化认证阶段。传感器节点一旦部署到工作区域，首先要进行相邻节点身份的安全认证,通过认证即成为可信任的合法节点。

2.身份认证管理。身份认证管理过程中主要会出现两种情况。

第一种情况是部分节点能量即将耗尽或已经耗尽,这些节点的"死亡"状况以主动通告或被动查询的方式反映到邻居节点,并最终反馈到汇聚节点或基站处,其身份ID将从合法节点列表中被剔除。为防止敌方利用这些节点的身份信息发起冒充或伪造节点攻击,必须对这个过程中的认证交互通信进行加密保护。此外,当某些节点被敌方俘获时,同样必须及时地将这些节点从合法列表中剔除并通告全网。

第二种情况是随着老节点能量的耗尽及不可靠节点被剔除,需要新的节点加入网络,新节点到位后要和周围的旧节点实现身份的双向安全认证,以防止敌方发起的节点冒充、伪造新节点、拒绝服务等攻击。

3.控制信息认证。随着工作进程的推进,可能需要节点采集不同的数据信息,采集任务的命令更换一般由汇聚节点或基站向周围广播发布。在覆盖面积大、节点数量多的应用场景中,控制信息必然要经由中转节点路由,以多跳转发的方式传递到目标节点群。与普通节点一样,中转节点也面临被敌方窃听甚至被俘获的安全威胁,要确保控制信息转发过程的安全可靠,就必须对逐条转发进行安全认证,确保控制信息源头的准确性及信息本身的完整性和机密性,保证信息不被转发节点篡改和信息内容不被非网内节点掌握。

(三)存储系统安全

数据是最核心的资产,存储系统作为数据的保存空间,是数据保护的最后一道防线。随着存储系统由本地直连向着网络化和分布式的方向发展,并被网络上的众多计算机共享,网络存储系统变得更易受到攻击,因此,存储安全显得至关重要,安全存储技术主要包括重复数据删除技术、数据备份及灾难恢复技术等。

经过近几年的发展,网络存储已演变为多个系统共享的一种资源。各类存储设备必须保护各个系统上的有价值的数据,防止其他系统未经授权访问数据或破坏数据。相应地,存储设备必须要防止未被授权的设置改动,对所有的更改都要做审计跟踪。

存储安全是客户安全计划的一部分,也是数据中心安全和组织安全的一部分。如果只保护存储的安全而将整个系统向互联网开放,这样的存储安全是毫无意义的。

在实践中,保障存储安全需要专业的知识,还需要留意细节,不断检查,确保存储解决方案继续满足业务不断改动的需要,减少诸如伪造回复地址这样的威胁。安全的本质要在三方面达到平衡,即采取安全措施的成本、安全缺口带来的影响、入侵者要突破安全措施所需要的资源。

从原理上来说,安全存储要解决两个问题:一是保证文件数据完整可靠、不泄密;二是保证只有合法的用户才能访问相关的文件。

要解决上述两个问题,需要使用数据加密和认证授权管理技术,这也是安全存储的核心技术。在安全存储中,利用技术手段把文件变为密文(加密)存储,在使用文件的时候,用相同或不同的手段还原(解密)。这样,存储和使用文件就在密文和明文状态之间进行切换,既保证了安全,又能方便地使用。加、解密的核心就是算法和密钥,数据加密算法分为对称加密和非对称加密两大类。对称加密以数据加密标准(Data Encryption Standard, DES)算法为典型代表,非对称加密通常以公钥加密(RSA)算法为代表。对称加密的加密密钥和解密密钥相同,而非对称加密的加密密钥和解密密钥不同;加密密钥可以公开,而解密密钥需要保密。

一般来说,非对称密钥主要用于身份认证,或者保护对称密钥。而日常的数据加密,一般都使用对称密钥。现代的成熟加密或解密算法,都具有可靠的加密强度,除非能够持有正确的密钥,否则很难强行破解。在安全存储产品实际部署时,如果需要更高强度的身份认证,还可以使用U-key,这种认证设备在网上银行中应用得很普遍。

二、系统的安全隐患

随着计算机网络的迅速发展,信息的交换和传播变得非常容易。由于信息在存储、共享、处理和传输的过程中,存在被非法窃听、截取、篡改和破坏的风险,容易导致不可估量的损失。因此一些重要部门和系统,如政府部门、军事系统、银行系统、证券系统和商业系统等对在公共通信网络中信息的存储和传输的安全问题尤为重视。

(一)安全威胁

信息安全的威胁就是指某个主体对信息资源的机密性、完整性、可用性等造成的侵害。威胁可能来源于对信息直接或间接、主动或被动的攻击,如泄露、篡改、删除等,它往往会在信息机密性、完整性、可用性、可控性和可审查性等方面造成危害。攻击就是安全威胁的具体实施,虽然人为因素和非人为因素都可能对信息安全构成威胁,但是精心设计的恶意攻击威胁最大。

安全威胁可能来自各方面,从威胁的主体来源来看,可以分为自然威胁和人为威胁两大类。自然威胁是指自然环境对计算机网络设备设施的影响,这类威胁一般具有突发性、自然性和不可抗性。自然威胁通常表现在对系统中物理设施的直接破坏,由自然威胁造成的破坏影响范围通常较大,损坏程度较为严重。自然因素的威胁包括各种自然灾害,如水、火、雷、电、风暴、烟尘、虫害、鼠害、海啸和地震等。系统的环境和场地条件(如温度、湿度、电源、地线)以及其他防护设施不良造成的威胁,电磁辐射和电磁干扰的威胁,硬件设备自然老化、可靠性下降的威胁等都属于自然威胁。人为威胁从威胁主体是否存在主观故意来看,可以分为故意和无意两种。故意的威胁又可以进一步细分为被动攻击和主动攻击。被动攻击主要威胁的是信息的机密性,因为一般被动攻击不会修改、破坏系统中的信息,如搭线窃听、网络数据嗅探分析等。主动攻击的目标则是破坏系统中信息的完整性和可用性,篡改系统信息或改变系统的操作状态。无意的威胁主要是指合法用户在信息处理、传输过程中的不当操作所造成的对信息机密性、完整性和可用性等的破坏。无意威胁的事件主要包括操作失误(操作不当、误用媒体、设置错误)、意外损失(电力线搭接、电火花干扰)、编程缺陷(经验不足、检查漏项、不兼容文件)、意外丢失(被盗、被非法复制、丢失媒体)、管理不善(维护不力、管理松懈)、无意破坏(无意损坏、意外删除)等。

人为恶意攻击主要有窃听、重传、伪造、篡改、拒绝服务攻击、行为否认、非授权访问和病毒等形式。人为的恶意攻击具有智能性、严重性、隐蔽性和多样性的特点。智能性是指恶意攻击者大都具有高水平的专业技术和熟练的技能,攻击前都经过周密的预谋和精心的策划。严重性是指若涉及金融资产的网络信息系统受到恶意攻击,往往会因资金损失巨大而使金融机构和企业蒙受重大损失。如果涉及对国家政府部门的攻击,则会引起重大的政治和社会问题。隐蔽性是指攻击者在进行攻击后会及时删除入侵痕迹信息和证据,具有很强的隐蔽性,很难被发现。多样性是指随着计算机网络的发展,攻击手段、攻击目标等都在不断变化。

目前,对信息安全的威胁尚无统一的分类方法,由于信息安全所面临的威胁与环境密切相关,不同威胁带来的危害程度随环境的变化而变化。

(二)系统缺陷和恶意软件的攻击

系统缺陷又称系统漏洞,是指应用软件、操作系统或系统硬件在逻辑设计上无意造成的设计缺陷或错误。攻击者一般利用这些缺陷,植入病毒攻击或控制计算机,窃取信息,甚至破坏系统。系统漏洞是应用软件和操作系统的固有特性,不可避免,因此,防护系统漏洞攻击的最好办法就是及时升级系统和漏洞补丁。

恶意软件的攻击主要表现为各种木马和病毒软件对信息系统的破坏。计算机病毒所造成的危害主要有8种:第一,格式化磁盘,致使信息丢失;第二,删除可执行文件或者数据文件;第三,破坏文件分配表,使磁盘信息无法被读取;第四,修改或破坏文件中的数据;第五,迅速自我复制,占用空间;第六,影响内存常驻程序的运行;第七,在系统中产生新的文件;第八,占用网络带宽,造成网络堵塞。

拒绝服务攻击(Denial of Services,DoS)是典型的外部网络攻击的例子,它利用网络协议的缺陷和系统资源的有限性实施攻击,会导致网络带宽和服务器资源耗尽,使服务器无法正常对外提供服务,破坏信息系统的可用性。常用的拒绝服务攻击技术主要有 TCP Flood 攻击、Smurf 攻击和 DDoS 攻击等。

1.TCP Flood 攻击。标准的 TCP 协议的连接过程需要三次握手完成连接确认。起初由连接发起方发出 SYN 数据报到目标主机,请求建立 TCP 连接,等待目标主机确认。目标主机接收到请求的SYN数据报后,向请求方返回SYN+ACK响应数据报。连接发起方接收到目标主机返回的SYN+ACK数据报并确认目标主机愿意建立连接后,再向目标主机发送确认ACK数据报。目标主机收到ACK数据报后,TCP连接建立完成,进入TCP通信状态。一般来说,目标主机返回SYN+ACK数据报时需要在系统中保留一定的缓冲区,准备进一步的数据通信并记录本次连接信息,直到再次收到ACK信息或超时为止。在这一过程中,攻击者利用协议本身的缺陷,通过向目标主机发送大量的SYN数据报,并忽略目标主机返回的SYN+ACK信息,不向目标主机发送最终的ACK确认数据报,使目标主机的TCP缓冲区被大量虚假连接信息占满,无法对外提供正常的TCP服务,同时目标主机的CPU也由于要不断处理大量过时的TCP虚假连接请求而耗尽资源。

2.Smurf攻击。ICMP协议用于在IP主机、路由器之间传递控制信息,包括报告错误、交换受限状态、主机不可达等状态信息。ICMP协议允许将一个ICMP数据报发送到一个计算机或一个网络,并根据反馈的报文信息判断目标计算机或网络是否连通。攻击者利用协议的这一功能,伪造大量的ICMP数据报,将数据报的目标私自设为一个网络地址,并将数据报中的原发地址设置为被攻击的目标计算机IP地址。这样,被攻击的目标计算机就会收到大量的ICMP响应数据报,目标网络中包含的计算机数量越多,被攻击的计算机接收到的ICMP响应数据报就越多,这会导致目标计算机资源被耗尽,不能正常对外提供服务。由于Ping命令是简单的网络测试命令,采用的是ICMP协议,因此,连续大量向某个计算机发送Ping命令也可以给目标计算机带来危害。这种使用Ping命令的ICMP攻击被称为"Ping of Death"攻击。要防范这种攻击,一种方法是在路由器上对ICMP数据报进行带宽限制,将ICMP占用的带宽限制在一定范围内,这样即使有ICMP攻击,由于其所能占用的网络带宽非常有限,也不会对整个网络造成太大影响;另一种方法是在主机上设置ICMP数据报的处理规则,如设定拒绝ICMP数据报。

3.DDoS攻击。攻击者为了进一步隐藏自己的攻击行为,并提升攻击效果,常常采用分布式拒绝服务攻击(Distributed Denial of Service,DDoS)。

DDoS 攻击是在 DoS 攻击的基础上演变出来的一种攻击方式。攻击者在进行 DDoS 攻击前已经通过其他入侵手段控制了互联网上的大量计算机，其中部分计算机已被攻击者安装了攻击控制程序，这些计算机被称为主控计算机。攻击者发起攻击时，首先向主控计算机发送攻击指令，主控计算机再向攻击者控制的其他大量的计算机(也称代理计算机或僵尸计算机)发送攻击指令，然后大量代理计算机向目标主机进行攻击。为了达到攻击效果，一般攻击者所使用的代理计算机数量非常惊人，据估计能达到数十万或百万。在 DDoS 攻击中，攻击者大多使用多级主控计算机及代理计算机进行攻击，所以攻击非常隐蔽，一般很难查找到攻击的源头。

其他的拒绝服务攻击方式还有邮件炸弹攻击、刷 Script 脚本攻击和 LAND 攻击等。

钓鱼攻击是一种在网络中通过伪装成信誉良好的实体以获得如用户名、密码和信用卡明细等个人敏感信息的诈骗犯罪过程。这些伪装的实体往往假冒为知名社交网站、拍卖网站、网络银行、电子支付网站或网络管理者，以此诱骗受害人点击登录或进行支付。网络钓鱼通常通过 E-mail 或者即时通信工具进行，它常常引导用户到界面外观与真正网站几无二致的假冒网站输入个人数据，就算使用强加密的 SSL 服务器认证，也很难侦测网站是否假冒。由于网络钓鱼主要针对的是银行、电子商务网站及电子支付网站，因此，常常会给用户造成非常大的经济损失。目前，针对网络钓鱼的防范措施主要有浏览器安全地址提醒、增加密码注册表和过滤网络钓鱼邮件等方法。

第二节 网络恶意攻击

一、恶意攻击的出现

网络恶意攻击通常是指利用系统存在的安全漏洞或弱点，通过非法手段获得某信息系统的机密信息的访问权，以及系统部分或全部的控制权，并对系统安全构成破坏或威胁。目前常见的技术手段有用户账号及密码破解、程序漏洞中可能造成的"堆栈溢出"、程序中设置的"后门"、通过各种手段设置的"木马"、网络访问的伪造与劫持、各种程序设计和开发中存在的安全漏洞等。每一种攻击类型在具体实施时针对不同的网络服务又有多种技术手段,并且随着时间的推移、版本的更新,还会不断产生新的手段,呈现出不断变化演进的特性。

分析发现,除破解账号及口令等手段外,最终一个系统被黑客攻陷,其本质原因往往是系统或软件本身存在可被黑客利用的漏洞或缺陷,它们可能是设计上的、工程上的,也可能是配置管理疏漏等原因造成的。解决这些问题通常有两种方式:①提高软件安全设计及施工的开发力度,保障产品的安全,这是目前可信计算研究的内容之一;②用技术手段保障产品的安全(如身份识别、加密、IDS/IPS、防火墙等)。人们更寄希望于后者,原因是造成程序安全性漏洞或缺陷的原因非常复杂,能力、方法、经济、时间,甚至情感等诸多方面都可能对软件产品的安全质量产生影响。软件产品安全效益的间接性,安全效果难以用一种通用的规范加以测量和约束,以及人们普遍存在的侥幸心理,使得软件产品的开发在安全性与其他方面产生冲突时,前者往往处于下风。虽然一直有软件工程规范指导软件的开发,但似乎完全靠软件产品本身的安全设计与施工还很难解决其安全问题。这也是诸多产品,包括大公司的号称"安全加强版"的产品仍然不断暴露安全缺陷的原因所在。于是人们更寄希望于通过专门的安全防范工具来解决信息系统的安全问题。

二、恶意攻击的来源

网络恶意攻击类型多样,很难给出一个统一的标准。这里主要从攻击来源的角度介绍一些网络攻击行为。

恶意软件是指在未明确提示用户或未经用户许可的情况下,在用户计算机或其他终端上安装运行,侵犯用户合法权益的软件。

计算机遭到恶意软件入侵后,黑客会通过记录击键情况或监控计算机活动获取用户个人信息的访问权限,他们也可能会在用户不知情的情况下,控制用户的计算机,以访问网站或执行其他操作。恶意软件主要包括特洛伊木马、蠕虫和病毒三大类。

特洛伊木马是一种后门程序,黑客可以利用其盗取用户的隐私信息,甚至远程控制对方的计算机。特洛伊木马程序通常通过电子邮件附件、软件捆绑和网页挂马等方式向用户传播。

蠕虫是一种恶意程序,它不用将自己注入其他程序就能传播。它可以通过网络连接自动将自身从一台计算机分发到另一台计算机上,一般这个过程不需要人工干预。蠕虫会执行有害操作,例如,消耗网络或本地系统资源,这可能会导致拒绝服务攻击。

病毒是一种人为制造的、能够进行自我复制的、会对计算机资源造成破坏的一组程序或指令的集合,病毒的核心特征就是可以自我复制并具有传染性。病毒会尝试将其自身附加到宿主程序内,以便在计算机之间进行传播。它可能会损害硬件、软件或数据。当宿主程序执行时,病毒代码也随之运行,并会感染新的宿主。

恶意软件的特征:第一,强制安装:指在未明确提示用户或未经用户许可的情况下,在用户计算机或其他终端上安装软件的行为;第二,难以卸载:指未提供通用的卸载方式,或在不受其他软件影响、人为破坏的情况下,卸载后仍是活动程序的行为;第三,浏览器劫持:指未经用户许可,修改用户浏览器或其他相关设置,迫使用户访问特定网站或导致用户无法正常上网的行为;第四,广告弹出:指在未明确提示用户或未经用户许可的情况下,利用安装在用户计算机或其他终端上的软件弹出广告的行为;第五,恶意收集用户信息:指未明确提示用户或未经用户许可,恶意收集用户信息的行为;第六,恶意卸载:指未明确提示用户或未经用户许可,或误导、欺骗用户卸载非恶意软件的行为;第七,恶意捆绑:指在软件中捆绑已被认定为恶意软件的行为;第八,其他侵犯用户知情权、选择权的恶意行为。

DDoS是目前互联网最严重的威胁之一,国内外知名互联网企业,如亚马逊(Amazon)、易贝(eBay)、新浪(Sina)、百度(Baidu)等网站都曾受到过DDoS攻击。DDoS攻击利用巨大的攻击流量,可以使攻击目标所在的互联网区域的网络基础设施过载,导致网络性能大幅度下降,从而影响网络所承载的服务。近年来,DDoS攻击事件层出不穷,各种相关报道也屡见不鲜,比较典型的事件有2009年5月19日发生的暴风影音事件。该事件导致了中国南方六省电信用户的大规模断网,预计经济损失超过1.6亿元人民币,其根本原因是服务于暴风影音软件的域名服务器DNS遭到黑客的DDoS攻击,从而无法提供正常域名请求。

第三节 物联网病毒

一、病毒的定义

物联网病毒与计算机病毒的原理是相同的。物联网内一台计算机染毒,将对其他智能设备造成影响。本书通过介绍计算机病毒,来对物联网病毒进行宏观把握。在1994年2月18日公布的《中华人民共和国计算机信息系统安全保护条例》中,计算机病毒被定义为:"计算机病毒,是指编制或者在计算机程序中插入的破坏计算机功能或者毁坏数据,影响计算机使用,并能自我复制的一组计算机指令或者程序代码。"

计算机病毒与生物病毒一样,有病毒体(病毒程序)和寄生体(宿主)。所谓感染或寄生,是指病毒将自身植入宿主的指令序列中。寄生体是一种合法程序,它为病毒提供一种生存环境,当病毒程序寄生于合法程序之后,病毒就成为程序的一部分,并在程序中占有合法地位。这样,合法程序就成为病毒程序的寄生体,或称为病毒程序的载体。病毒可以寄生在合法程序的任何位置。病毒程序一旦寄生于合法程序之后,就随原合法程序的执行而执行,随它的生存而生存,随它的消失而消失。为了增强活力,病毒程序通常寄生于一个或多个被频繁调用的程序中。

二、病毒的特点

计算机病毒种类繁多,特征各异,但一般都具有自我复制能力、感染性、潜伏性、触发性和破坏性。计算机病毒的基本特征有以下几个方面。

(一)计算机病毒的可执行性

计算机病毒与其他合法程序一样,是一段可执行的程序。计算机病毒在运行时会与合法程序争夺系统的控制权。例如,病毒一般在运行其宿主程序之前先运行自己,通过这种方法来抢夺系统的控制权。计算机病毒只有在计算机内运行时,才具有传染性和破坏性等活性。计算机病毒一旦在计算机上运行,在同一台计算机内,病毒程序与正常系统程序,或某种病毒与其他病毒程序争夺系统控制权时,往往会造成系统崩溃,导致计算机瘫痪。

(二)计算机病毒的传染性

计算机病毒的传染性是指病毒具有把自身复制到其他程序和系统的能力。计算机病毒也会通过各种渠道从已被感染的计算机扩散到未被感染的计算机,在某些情况下会造成被感染的计算机工作失常,甚至系统瘫痪。计算机病毒一旦进入计算机并得以执行,就会搜寻符合其传染条件的其他程序或存储介质,确定目标后,再将自身代码插入其中,达到自我繁殖的目的。而被感染的目标又成为新的传染源,当它被执行以后,便又去感染另一个可以被其传染的目标。计算机病毒可以通过各种可能的渠道,如U盘、计算机网络等传染其他计算机。

(三)计算机病毒的非授权性

一般正常的程序是由用户调用,再由系统分配资源,完成用户交给的任务,其目的对用户是可见的、透明的。而病毒隐藏在正常的程序中,其在系统中的运行流程一般是:做初始化工作寻找传染目标—窃取系统控制权—完成传染破坏活动,其目的对用户是未知的,是未经用户允许的。因此,计算机病毒具有非授权性。

(四)计算机病毒的隐蔽性

计算机病毒通常附在正常程序中或磁盘较隐蔽的地方,也有个别病毒以隐含文件的形式出现,目的是不让用户发现它的存在。如果不经过代码分析,病毒程序与正常程序很难区别,而且一旦病毒发作表现出来,就往往已经给计算机系统造成了不同程度的破坏。

（五）计算机病毒的潜伏性

一个编制精巧的计算机病毒程序,进入系统后一般不会马上发作。潜伏性越好,其在系统中存在的时间就会越长,病毒的传染范围就会越大。病毒程序必须用专用检测程序才能检查出来,并有一种触发机制,不满足触发条件时,计算机病毒只传染计算机但不做破坏,只有当满足触发条件时,病毒的表现模块才会被激活从而使计算出现中毒症状。

（六）计算机病毒的破坏性

计算机病毒一旦运行,会对计算机系统造成不同程度的影响,轻者降低计算机系统的工作效率,占用系统资源,如占用内存空间、磁盘存储空间及系统运行时间等;重者则导致数据丢失,系统崩溃。计算机病毒的破坏性决定了病毒的危害性。

（七）计算机病毒的寄生性

病毒程序嵌入宿主程序中,依赖于宿主程序的执行而生存,这就是计算机病毒的寄生性。病毒程序在侵入宿主程序后,一般会对宿主程序进行一定的修改,宿主程序一旦执行,病毒程序就会被激活,从而进行自我复制和繁衍。

（八）计算机病毒的不可预见性

从对计算机病毒的检测来看,计算机病毒还有不可预见性。不同种类的计算机病毒,它们的代码千差万别,但有些操作是共有的,如驻内存、改中断。计算机病毒新技术的不断涌现,也使得对未知病毒的预测难度大大增加,这就决定了计算机病毒的不可预见性。事实上,反病毒软件的预防措施和技术手段的更新往往滞后于病毒的产生速度。

（九）计算机病毒的诱惑欺骗性

某些病毒常以某种特殊的表现方式引诱、欺骗用户不自觉地触发、激活病毒,从而实施其感染、破坏功能。某些病毒会通过引诱用户点击电子邮件中的相关网址、文本、图片等进行激活和传播。

三、病毒的分类

根据病毒传播和感染的方式,计算机病毒主要有以下几种类型。

(一)引导型病毒

引导型病毒藏匿在磁盘或硬盘的第一个扇区。磁盘操作系统(DOS)的架构设计使得病毒可以在每次开机时,在操作系统被加载之前就被加载到内存中,这个特性使得病毒可以完全控制DOS的各类中断程序,并且拥有更强的传染与破坏能力。

(二)文件型病毒

文件型病毒通常寄生在可执行文件中。当这些文件被执行时,病毒程序就跟着被执行。文件型病毒依传染方式的不同分为非常驻型和常驻型两种。非常驻型病毒将自己寄生在某些文件中,当这些中毒的程序被执行时,它就会尝试着去传染另一个或多个文件;常驻型病毒隐藏在内存中,通常寄生在中断服务程序中,通过磁盘访问操作传播。因此,常驻型病毒往往会对磁盘造成更大的伤害。一旦常驻型病毒进入内存,只要执行文件,文件就会被感染。

(三)复合型病毒

复合型病毒兼具引导型病毒及文件型病毒的特性。它们可以传染文件,也可以传染磁盘的引导区。由于这个特性,这种病毒具有相当强的传染力,一旦发作,其破坏的程度将相当大。

(四)宏病毒

宏病毒主要是利用软件本身所提供的宏能力来设计病毒,所以凡是具有写宏能力的软件都有宏病毒存在的可能,如 Word、Excel、PowerPoint 等。

第四节 物联网网络防火墙

一、物联网防火墙的概念

物联网防火墙是一种装置,它由软件或硬件设备组合而成,通常处于企业的内部局域网与互联网之间,限制互联网用户对内部网络的访问并管理内部用户访问外界的权限。换言之,一个防火墙就是在一个被认为是安全和可信的内部网络和一个被认为是不那么安全和可信的外部网络(通常是互联网)之间构建的一道保护屏障。防火墙是一种被动的技术,因为它假设了网络边界的存在,所以它对内部的非法访问难以有效控制。防火墙是一种网络安全技术,最初它被定义为通过实施某些安全策略保护一个可信网络,用以防止一个不可信任的网络访问的安全技术。网络防火墙技术是一种用来加强网络之间访问控制,防止外部网络用户以非法手段通过外部网络进入内部网络访问内部网络资源,保护内部网络操作环境的特殊网络互联设备。它对两个或多个网络之间传输的数据包(如链接方式)按照一定的安全策略来实施检查,以决定网络之间的通信是否被允许,并监视网络的运行状态。

从基本的防火墙系统模型实现上来看,防火墙实际上是一个独立的进程或一组紧密联系的进程,运行于路由服务器上,控制经过它们的网络应用服务及数据。如今,防火墙已成为实现网络安全策略的最有效的工具之一,并被广泛地应用到互联网的建设上。

作为内部网与外部网之间的一种访问控制设备,防火墙常常被安装在内部网和外部网交流的点上。物联网防火墙是路由器、堡垒主机或任何提供网络安全的设备的组合,是安全策略的一部分。如果仅设立防火墙系统,而没有全面的安全策略,那么防火墙就形同虚设。全面的安全策略要告诉用户应有的责任以及规定的网络访问、服务访问、本地和远地的用户认证、拨入和拨出、磁盘和数据加密、病毒防护措施等。对于所有可能受到网络攻击的地方都必须以同样的安全级别加以保护。

防火墙系统可以是路由器,也可以是个人主机、单个主系统或一批主系统,用于把网络或子网同那些子网外的可能是不安全的系统隔绝。防火墙系统通常位于等级较高的网关或网点与Internet的连接处。

防火墙的设计政策是防火墙专用的,它定义了用来实施服务访问政策的规则,一个人不可能在完全不了解防火墙的能力、限制及与TCP/IP相关联的威胁和易受攻击性等问题的真空条件下设计这一政策。

(一)防火墙一般遵循的基本设计准则

1.只允许访问特定的服务,一切未被允许的就是禁止的。基于该准则,防火墙应封锁所有信息流,然后对希望提供的服务逐项开放。这是一个非常实用的方法,可以营造一种十分安全的环境,因为只有经过仔细挑选的服务才会被允许使用。其弊端是,安全性高于用户使用的方便性,用户所能使用的服务范围受到限制。

2.只拒绝访问特定的服务,一切未被禁止的就是允许的。基于该准则,防火墙应转发所有信息流,然后逐项屏蔽可能有害的服务。采用这种方法可以营造一种更为灵活的应用环境,可以为用户提供更多的服务。其弊端是在日益增多的网络服务面前,网管人员疲于奔命,特别是当受保护的网络范围扩大时,很难提供可靠的安全防护。

(二)防火墙系统应具有的特性

防火墙系统应具有的特性:①所有在内部网络和外部网络之间传输的数据都必须能够通过防火墙;②只有被授权的合法数据,即防火墙系统中安全策略允许的数据,才可以通过防火墙;③防火墙本身不受各种攻击的影响;④使用目前新的信息安全技术,如现代密码技术、一次性口令系统、智能卡;⑤人机界面良好、用户配置使用方便、易管理。系统管理员可以方便地对防火墙进行设置,对Internet的访问者、被访问者、访问协议及访问方式进行控制。

(三)防火墙不可避免的缺陷

1.不能防范恶意的知情者(内部攻击)。防火墙可以禁止系统用户通过网络连接发送专有的信息,但用户可以将数据复制到磁盘、磁带上带出去。如果入侵者已经在防火墙内部,防火墙是无能为力的。

2.防火墙不能防范不通过它的连接。防火墙能够有效防止通过它进行传输的信息,然而不能防止不通过它而传输的信息。例如,如果站点允许对防火墙后面的内部系统进行拨号访问,那么防火墙没有办法阻止入侵者进行拨号入侵。

3.防火墙几乎不能防范病毒。普通防火墙虽然可以扫描通过它的信息,但一般只扫描源地址、目的地址和端口号,而不扫描数据的确切内容。

4.防火墙不能防备全部的威胁。防火墙被用来防备已知的威胁,但它一般不能防备新的未知的威胁。

二、物联网防火墙的分类

常见的物联网防火墙有三种类型:包过滤防火墙、应用代理防火墙、双穴主机防火墙。

(一)包过滤防火墙

包过滤防火墙设置在网络层,可以在路由器上实现包过滤。信息过滤表是以其收到的数据包头信息为基础生成的。信息包头含有数据包源IP地址、目的IP地址、传输协议类型(TCP、UDP、ICMP等)、协议源端口号、协议目的端口号、连接请求方向等。当一个数据包满足过滤表中的规则时,则允许数据包通过,否则禁止通过。这种防火墙可以用于禁止外部不合法用户对内部的访问,也可以用来禁止访问某些服务类型。但包过滤技术不能识别有危险的信息包,无法实施对应用级协议的处理,也无法处理UDP、RPC或动态的协议。

(二)应用代理防火墙

应用代理防火墙又称应用层网关级防火墙,它由代理服务器和过滤路由器组成,是目前较流行的一种防火墙。它将过滤路由器和软件代理技术结合在了一起。过滤路由器负责网络互联,并对数据进行严格选择,然后将筛选过的数据传送给代理服务器。代理服务器在外部网络申请访问内部网络时起到中间转接的作用,其功能类似于一个数据转发器,它主要控制哪些用户能访问哪些服务类型。当外部网络向内部网络申请某种网络服务时,代理服务器接受申请,然后根据其服务类型、服务内容、被服务的对象、服务者申请的时间、申请者的域名范围等决定是否接受此项服务,如果接受,它就向内部网络转发这项请求。但应用代理防火墙无法快速支持一些新出现的业务,如多媒体。现在较为流行的代理服务器软件是 WinGate 和 Proxy Server。

(三)双穴主机防火墙

双穴主机防火墙是用主机来执行安全控制功能的。一台双穴主机配有多个网卡,分别连接不同的网络。双穴主机从一个网络收集数据,并且有选择地把它发送到另一个网络上。网络服务由双穴主机上的服务代理来提供。内部网和外部网的用户可以通过双穴主机的共享数据区传递数据,从而保护了内部网络不被非法访问。

第七章 物联网信息安全技术应用

第一节 物联网系统安全设计

一、物联网面向主题的安全模型

面向主题的物联网安全模型设计过程分为四个步骤:第一步,对物联网进行主题划分;第二步,分析主题的技术支持;第三步,物联网主题的安全属性需求分析;第四步,主题安全模型设计与实现。

(一)对物联网进行主题划分

物联网的网络安全是从技术的角度进行研究的,目的是解决已经存在于物联网中的安全问题,如常见的防火墙技术、入侵检测技术、数据加/解密技术、数字签名和身份认证技术等,都是从技术的细节去解决已经存在的网络安全问题的,也使得网络安全一直处于被动地位。[①]面对新出现的病毒、蠕虫或者木马,已有的安全技术往往无法在第一时间对系统进行安全防护,必须经过安全专家的分析研究才能获得解决的方法。

面向主题的设计思想是将物联网进行系统化的抽象划分,在进行主题的划分时,应该避免的是从技术的角度进行分类,如果以技术进行划分,则物联网的安全研究也必将走上面向技术的安全研究的老路。相对互联网而言,物联网的结构更加复杂,因此,物联网的安全必须进行系统化、主题化的研究,否则,物联网的安全研究将处于一种混乱的状态。

---

① 张澜曦. 计算机信息技术与网络安全管理研究[J]. 计算机应用文摘,2023,39(4):114—116.

在对物联网的定义和物联网的工作运行机制进行研究的基础上,物联网可划分为八个主题:①通信。将物联网中各种物体设备进行连接的各种通信技术,它为物联网中物与物的信息传递提供技术支持;②身份标识。在物联网中每个物体设备都需要唯一的身份标识,如同人类的身份证一样;③定位和跟踪。通过射频技术、无线网络和全球定位等技术对连接到物联网中的物体设备进行物理位置的确定和信息的动态跟踪;④传输途径。在物联网中,各种物体设备间的信息传递都需要一定的传输路径,主要指与物联网相关的各种物理传输网络;⑤通信设备。连接到物联网中的各种物体设备,这些物体设备间可以通过物联网进行通信,进行信息的传递和交互;⑥感应器。在物联网中,能够随时随地获得物体设备的信息且需要遍布于各个角落;⑦执行机构。在物联网中发送的命令信息,最终的执行体即为执行机构;⑧存储。物联网中进行信息的存储。

(二)分析主题的技术支持

对物联网主题的安全属性要求的研究,为物联网主题的安全研究指明了方向。为了推动物联网快速、稳定地发展,在物联网主题的安全研究中,可以将互联网中安全防御技术应用到物联网中。因此,在对物联网主题的安全进行分析之前,需要分析目前的安全属性现状。

1.通信。通信主题主要包括无线传输技术和有线传输技术,其中无线传输技术在物联网的体系结构中起到至关重要的作用,其涉及的技术主要包括 WLAN(无线局域网)、5G(第五代移动通信技术)、UWB(超宽带无线通信技术)及蓝牙等技术。

2.身份标识。在物联网中,任何物体都有唯一的身份标识,可用于身份标识的技术主要有一维条码、二维条码、射频识别技术、生物特征和视频录像等相关技术。

3.定位和跟踪。定位跟踪是物联网的功能之一,其主要的技术支持包括射频识别、全球移动通信、全球定位和传感器等技术。

4.传输途径。物联网的传输途径既包括互联网的主要传输网络以太网,还包括传感器网络,以及其他与物联网相连接的网络。

5.通信设备。物联网实现了物与物的直接连接,因此,物联网中的通信设备种类数目庞大。例如,手机、传感器、射频设备、电脑、卫星等都属于通信设备。

6.感应器。感应器用来识别物联网中的各种物体,其主要的感应属性有音频、视频、温度、位置、距离等。

7.执行机构。物联网中的各个物体涉及各个行业,因此,执行机构对信号的接收处理也千差万别。

8.存储。存储主题主要记录和保存物联网中的各种信息,如分布式哈希表(DHT)储存。

(三)物联网主题的安全属性需求分析

对物联网的主题划分和相关技术的研究,为面向主题的物联网安全模型的设计研究打下了坚实的基础。物联网中的主题对安全属性的要求既有共同点又有差异性。因此,需要针对物联网各个主题的特征进行安全属性的需求分析研究。在分析研究信息安全的基本属性的基础上,被信息界称为"滴水不漏"的信息安全管理标准 ISO 17799,将物联网主题的安全基本属性分为完整性、保密性、可用性、可审计性、可控性、不可否认性和可鉴别性,并将各种属性的安全级别分为三个等级,C 为初级要求,B 为中级要求,A 为高级要求。下面根据主题的特征,分析主题的安全属性要求。

1.通信。通信技术的特征,特别是无线传输的特性决定了通信主题最易受到外界的安全威胁,如窃听、伪装、流量分析、非授权访问、信息篡改、否认、拒绝服务等。

2.身份标识。物联网中为了识别物体身份,对物体进行身份唯一标识,要求身份标识有很好的保密性,防止伪造、非法篡改等风险。

3.定位和跟踪。物联网中的物体都有自己唯一的身份标识,因此可以根据物体的身份标识进行定位和跟踪。为了防止非法用户对物体进行非法跟踪和定位,物联网的定位和跟踪的主题安全属性需要具有较高的保密性和可用性。

4.传输途径。物联网在传输过程中容易被窃听,因此,在安全属性要求中需要较高的完整性。

5.通信设备。物联网中的通信设备都有相应的软件或者嵌入式系统的支持,因此,很容易被非法篡改。

6.感应器。感应器作为物联网接收信号的设备,需要很高的完整性。

7.执行机构。物联网中的执行机构涉及各个行业,因此,其安全属性要求主要涉及物联网应用层安全,如用户和设备的身份认证、访问权限控制等。

8.储存。物联网中的信息存储同互联网一样,面临着信息泄露、篡改等威胁,因此,在物联网中的存储需要较高的完整性、保密性。

(四)主题安全模型设计与实现

物联网作为一个有机的整体,可分为感知层、网络层和应用层。分析和研究物联网各主题的安全性并不能保障整个物联网的安全性,还需要从整体的角度把各个主题串联起来,使其成为一个系统化的整体。因此,既需要将物联网的感知层、网络层和应用层相互隔离,又需要将各层系统化地联系起来。在物联网安全的构架中,三层体系结构又细化为五层体系结构,在感知层和网络层间构架了隔离防护层,同样在网络层和应用层间也增加了相应的隔离防护层。这样当物联网出现安全威胁时,可以有效地防止安全威胁在层与层之间的渗透,同时可以在层与层之间建立有机的联系,系统化地保障物联网的安全。因此,在设计面向主题的物联网安全模型时,要将网络安全模型PDRR引入到物联网的安全模型中。

1.模型的内核。模型的核心部分就是以主题为中心的安全属性标准和要求,主题的安全属性需要依据主题自身的特点和需求进行研究设计。该部分是整个模型的关键所在,对主题的安全属性设计应遵从整体性、系统化的思想。

2.模型的系统。物联网体系构架由感知层、网络层和应用层组成,在安全模型的设计中,这三个层既需要相互联系又需要相互独立。在物联网的安全模型设计中,在层与层间加上防护层的目的是,当某一层出现安全威胁时,通过隔离层的隔离作用,防止安全威胁蔓延到其他层。同时层与层之间需要有协作的功能,作为一个有机整体,当某一层出现问题时,其他层需要提供相应的安全措施,使物联网作为一个有机的整体进行安全防御。

3.模型的防护层。物联网的安全不但需要自身的安全策略,还需要外界的防护,因此,将PDRR安全模型加入物联网的安全模型中,使物联网的安全成为一个流动的实体,其中的预防、检测、响应、恢复四部分功能是相辅相成的。模型的人为因素在一定程度上起到了至关重要的作用,因此,在面向主题的物联网的安全模型中,最外层是安全管理。

二、物联网公共安全云计算平台系统

(一)物联网公共安全平台架构

1.物联网公共安全平台的层次。结合目前业界统一的认定和当前流行的技术,初步把物联网公共安全平台设计为五个层次,分别为感知层、网络层、支撑层、服务层、应用层。

(1)感知层:感知层主要针对最前端公安人员关注的重点领域。它通过各种感知设备,如RFID、条形识别码、各种智能传感器、摄像头、门禁、票证、GPS等,对道路、车辆、危险物品、重点人物、交通状况等重点感知领域进行实时管控,获取有用数据。

(2)网络层:网络层主要用于前方感知数据的传输。为了不重复建设,它最大限度地利用现有的网络条件,把公安专网、无线宽带专网、移动公网、有线政务专网、无线物联数据专网、因特网、卫星等通信方式进行整合。

(3)支撑层:支撑层基于云计算、云存储技术设计,实现分散资源的集中管理及集中资源的分散服务,支撑高效、海量数据的存储与处理;支撑软件系统部署在运行平台上,实现各类感知资源的规范接入、整合、交换与存储,实现各类感知设备的基础信息管理,实现感知信息资源目录发布与同步,实现感知设备证书发布与认证,为感知设备的分建共享提供全面的支撑服务。

(4)服务层:服务层基于拥有的丰富的数据资源和强大的计算能力(依托云计算平台),为构建一个功能丰富的平台提供了基础。它借鉴SOA,即面向服务的架构思想,通过仿真引擎和推理引擎,把数据库、算法库、模型库、知识库紧密结合在一起,为应用层的实际业务使用软件提供了统一的服务接口,对数据进行了统一、高效的调用,也保证了服务的高可靠性,为整个公共安全平台的后续应用开发提供了可扩展性。

(5)应用层:应用层主要用来承载用户实际使用的各种业务软件。例如,通过对警用物联网业务的详细分析及调用服务层提供的通用接口,设计出符合用户实际使用的业务软件。可将用户分为三类:第一类为相关技术人员,可以使用平台提供的各程序的服务接口和各设备的运行状态,保证整个平台的正常运行;第二类为基层民警,可以实时查看前端感知信息,并对设备进行控制;第三类为高端用户,在系统智能分析的协助下,对各警力和资源进行指挥和调度。

2.标准和安全体系。标准规范和信息安全体系应贯穿整个物联网架构的设计,具体应包括以下方面:公共安全领域的传感器资源编码标准;数据共享交换的规范;共享数据管理标准,包括公共数据格式标准、公共数据存储方式标准、共享数据种类标准等;传感资源投入和建设的效益评价标准;新建设传感资源和网络的审批标准;物联网公共安全基础设施建设标准。

物联网本质上是一种大集成技术,涉及的关键技术种类繁多,标准冗杂,因此,物联网的关键和核心是实现大集成的软件和中间件,以及与之相关的数据交换、处理标准和相应的软件架构。

感知层是基于物理、化学、生物等技术发明的传感器,"标准"多成为专利,而网络层的有线和无线网络属于通用网络。有线长距离通信基于成熟的IP协议体系,有线短距离通信主要以十多种现场总线标准为主。无线长距离通信基于GSM和CDMA等技术,其2G/3G/4G/5G网络标准也基本成熟,无线短距离通信针对不同的频段也有十多种标准。因此,建立新的物联网通信标准难度较大。从以上分析可知,目前物联网标准的关键点和大有可为的部分集中在应用层。

(二)数据支撑层设计思路

支撑层主要用来对数据进行处理,为上层服务提供统一标准的安全数据。由于整个物联网公共安全平台涉及大量的实时感知数据,考虑到计算能力和成本问题,决定采用云的架构。首先,把网络层上传的数据进行规格化处理,并按照一定规则算法初步过滤一些无用信息,由云计算数据中心对数据进行存储和转发;其次,由各个计算节点对数据进行接入、编码、整合及交换;最后,形成数据目录,便于查询和使用。同时考虑到数据安全问题,还可以设计数据容灾中心进行应急处理。目前,根据公共安全系统的现状,采用云计算的主从式分布存储与数据中心相结合的云存储思路开展设计工作。同时,采用计算偏向存储区域的云计算思路,将推理仿真等计算量较大的计算任务放置在离存储区域较近的计算服务器平台上,可以减少网络带宽,在计算上采用服务器集群模式,采用虚拟化的形式(常见的中间件,如VMware 等)实现计算任务的综合调度分配,可以实现计算服务资源的最大利用率。

(三)基于云计算的数据支撑平台体系架构

物联网支撑平台是各类前端感知信息通过传输网络汇聚的平台,该平台实时处理前端感知设施传入的视频信息、数据信息及由应用服务平台下达的对感知设施的控制指令,主要实现信息接入、标准化处理、信息共享、信息存储及基础管理五大功能。

第二节 物联网安全技术应用

物联网安全技术在日常生产生活中的应用,包括物联网机房远程监控预警系统、物联网机房监控设备集成系统、物联网门禁系统、物联网安防监控系统和物联网智能监狱监控报警系统等。下面以物联网机房远程监控预警系统和物联网门禁系统为例进行介绍。

一、物联网机房远程监控预警系统

(一)系统需求分析

在无人值守的机房环境中,急需解决如下问题。

第一,温控设备无法正常工作。一般坐落在野外的无人值守机房内的空调器均采用农用电网直接供电的方式,在出现供电异常后空调器停止工作,当供电恢复正常后,也无法自动启动,必须人为干预才能开机工作。这就需要机房设置可以自行启动空调器的装置,最大限度地延长空调器的工作时间,提高温控效果。

第二,环境异常情况无法及时传递。无人值守机房基本没有环境报警系统,即使存在,也是单独工作的独立设备,无法保障环境异常情况及时有效地得以传递,从而会致使设备或系统发生问题。因此,将机房环境异常情况有效可靠地传递出去也是必须要解决的问题。

第三,无集中有效的监控预警系统。对于机房环境监控,目前还没有真正切实有效的预警系统来保障机房正常的工作环境。有些机房设置了机房环境监控预警系统,但系统结构相对单一,数据传输完全依赖于现有的高速公路通信系统。例如,机房设备出现了故障,导致通信系统出现问题,则环境监控就陷入瘫痪,无法正常发挥作用。

根据以上分析,无人值守的机房环境应重点考虑以下三点:①机房短暂停电又再次恢复供电,机房空调器需要及时干预并使其发挥作用;②由于机房未能及时来电或者空调器本身发生故障,机房环境温度迅速升高(降低),超过设备工作温度阈值时,应能够及时向相关人员预警或告知;③建立独立有效的监控预警系统,在高速公路通信系统出现问题时,能够保证有效地进行异常信息发送。

(二)系统架构设计

环境监测是物联网的一个重要应用领域,物联网自动、智能的特点非常适合环境信息的监测预警。

1.系统架构。机房环境远程监控预警系统的结构主要包括感知层、网络层、应用层三部分。在感知层,数据采集单元作为微系统传感节点,可以对机房温度信息、湿度信息等进行收集。数据信息的收集采取周期性汇报模式,通过4G或5G网络技术进行远程传输。网络层采用运营商的4G通信网络实现互联,进行数据传输,将来自感知层的信息上传。应用层主要由用户认证系统、设备管理系统和智能数据计算系统等组成,分别完成数据收集、传输、报警等功能,构建起面向机房环境监测的实际应用,如机房环境的实时监测、趋势预测、预警及应急联动等。

2.系统功能。系统功能主要包括信息采集、远程控制、集中控制预警三大类。信息采集是指本系统通过内部的数据采集单元收集并记录机房环境的信息,然后将之数字化并通过4G网络传送至集中管理平台系统。若机房增加其他检测传感器,如红外报警、烟雾报警等,也可以接入本系统的数据采集单元中,实现机房全方位的信息采集。远程控制是指当发现机房环境异常时,可以利用本系统控制相应的设备及时进行处置,如温度发生变化,则控制空调器或通风设施进行温度调整。另外,可以在机房增加其他控制设备,如消防设施或者监控设施、灯光等。在管理中心设置一个集中监控预警管理平台,可以实时收集各机房的状态信息,并分析相关的信息内容,根据现场信息反映的情况,采取相应的控制和预警方案,集中统一管理各机房的工作环境。

二、物联网门禁系统

门禁系统是进出管理系统的一个子系统,通常采用刷卡、密码或人体生物特征识别等技术。[①]在管理软件的控制下,门禁系统对人员或车辆出入口进行管理,让取得认可进出的人和车自由通行,而对那些不该出入的人则加以禁止。因此,在许多需要核对人车身份的处所中,门禁系统已经成了不可缺少的配置项目。

(一)门禁系统的应用要求

1.可靠性。门禁系统以预防损失、犯罪为主要目的,因此,必须具有极高的可靠性。一个门禁系统在其运行的大多数时间内可能不会遇到警情,因而不需要报警,出现警情需要报警的概率一般是很小的。

2.权威认证。门禁系统在系统设计、设备选取、调试、安装等环节上都要严格执行国家或行业上的相关标准,以及公安部门有关安全技术防范的要求,产品须经过多项权威认证,并且有众多的典型用户,以及多年正常运行的经验。

---

①周喜,王会珍,赵娟萍.基于RFID技术的门禁管理系统设计[J].黑龙江科技信息,2021(3):66—67.

3.安全性。门禁及安防系统是用来保护人员和财产安全的,因此,系统自身必须安全。这里所说的高安全性,一方面是指产品或系统的自然属性或准自然属性应该保证设备、系统运行的安全和操作者的安全。例如,设备和系统本身要能防高温、低温、湿热、烟雾、霉菌、雨淋,并能防辐射、防电磁干扰(电磁兼容性)、防冲击、防碰撞、防跌落等。设备和系统的运行安全包括防火、防雷击、防爆、防触电等;另一方面,门禁及安防系统还应具有防人为破坏的功能,如具有防破坏的保护壳体,以及具有防拆报警、防短路和断开等功能。

4.功能性。随着人们对门禁系统各方面要求的不断提高,门禁系统的应用范围越来越广泛。人们对门禁系统的应用不再局限于单一的出入口控制,还要求它不仅可以应用于智能大厦或智能社区的门禁控制、考勤管理、安防报警、停车场控制、电梯控制、楼宇自控等,而且可以应用于与其他系统的联动控制。

5.扩展性。门禁系统应选择开放性的硬件平台,具有多种通信方式,为实现各种设备之间的互联和整合奠定良好的基础。另外,系统还应具备标准化和模块化的部件,有很大的灵活性和扩展性。

(二)门禁系统的功能

1.实时监控功能。系统管理人员可以通过计算机实时查看每个门区人员的进出情况、每个门区的状态(包括门的开关及各种非正常状态报警等),也可以在紧急状态下打开或关闭所有门区。

2.出入记录查询功能。系统可储存所有的进出记录、状态记录,可按不同的查询条件查询,配备相应的考勤软件可实现考勤、门禁一卡通。

3.异常报警功能。在异常情况下,可以通过门禁软件实现计算机报警或外加语音声光报警,如非法侵入、门超时未关等。

4.防尾随功能。在使用双向读卡的情况下,防止一卡多次重复使用,即一张有效卡刷卡进门后,该卡必须在同一门刷卡出门一次才可以重新刷卡进门,否则将被视为非法卡拒绝进入。

5.双门互锁。双门互锁也叫AB门,通常用于银行金库,它需要和门磁配合使用。当门磁检测到一扇门没有锁上时,另一扇门就无法正常打开。只有当一扇门正常锁住时,另一扇门才能正常打开,这样就隔离出一个安全的通道来,使犯罪分子无法进入,以达到阻碍、延缓犯罪行为的目的。

6.胁迫码开门。当持卡者被人劫持时,为保证持卡者的生命安全,持卡者输入胁迫码后门能打开,但同时向控制中心报警,控制中心接到报警信号后就能采取相应的应急措施。胁迫码通常设为4位数。

7.消防报警监控联动功能。在出现火警时,门禁系统可以自动打开所有电子锁,让里面的人随时逃生。监控联动通常是指监控系统自动将有人刷卡时(有效或无效)的情况记录下来,同时将门禁系统出现警报时的情况记录下来。

8.网络设置管理监控功能。大多数门禁系统只能用一台计算机管理,而技术先进的系统则可以在网络上任何一个授权的位置对整个系统进行监控管理设置,也可以通过网络进行异地监控管理设置。

9.逻辑开门功能。简单地说,就是同一个门需要几个人同时刷卡(或其他方式)才能打开电控门锁。

(三)门禁系统的分类

按进出识别方式,门禁系统可以分为以下几类。

1.密码识别。通过检验输入的密码是否正确来识别进出权限。这类产品又分为两类:普通型和乱序键盘型(键盘上的数字不固定,不定期自动变化)。

2.卡片识别。通过读卡或读卡加密码方式来识别进出权限,按卡片种类它又分为磁卡和射频卡。

3.生物识别。通过检验人员的生物特征等方式来识别进出权限,有指纹型、掌形型、虹膜型、面部识别型、手指静脉识别型等。

4.二维码识别。二维码门禁系统大多用于校园,它结合二维码的特点,给进入校园的学生、教师、后勤工作人员、学生家长等发送二维码有效凭证,这样家长在进入校园的时候只需轻松地在识读机器上扫一下二维码即可进出,便于对进出人员进行管理。作为校方,需要登记学生家长的手机号及家人的身份证,家长手机便会收到学校使用二维码校园门禁系统平台发送的含有二维码的短信。这种门禁系统同时支持身份证、手机进行验证,从而确保进出人员的安全。

(四)无线门禁系统的设计

1.组成部分。由于传统的门禁系统在施工和维护上存在烦琐、费用高等问题,基于物联网的门禁系统开始出现,并最大限度地将门禁系统简化到极致,尤其是无线的门禁系统。它主要由平台与终端两部分组成。

(1)平台:门禁云平台基于云部署,平台通过管理后台连接各社区网络,做业务数据的汇总及转发;通过前台门户,为物业管理者提供登录访问和管理操作服务。

(2)终端:门禁系统的终端包括门口机和电信终端。门口机是安装在小区入口或楼宇入口的楼宇对讲及门禁终端,访客可以通过门口机呼叫业主或住户,与之进行音频对讲,并接收远程指令开门。门口机融合门禁模块,可为业主或住户提供IC卡或手机刷卡开门。电信终端是中国电信或其他电信运营商的固定电话终端,用于接收来自门禁云平台的呼叫,实现远程对讲及开门;手机包括智能手机与普通手机,用于接收来自门禁云平台的呼叫,实现远程对讲及开门。

2.关键技术。

(1)手机远程控制门禁:针对现有社区的楼宇对讲及门禁系统只能在本地内部网络实现语音视频对讲及控制门禁的问题,可通过门禁平台与电信网相连,同时改造现有门禁系统中门口机的软件系统,增加双注册软件模块及触发的逻辑机制,在通过门口机呼叫房间室内机无人应答时,将门口呼叫送往门禁平台,门禁平台的后台管理系统将接通与室内机绑定的手机、固话或多媒体终端等设备,实现远程语音或视频对讲及辅助控制门禁的功能。

(2)基于RFID带抓拍功能的门口机:传统基于RFID的门口机主要支持两种卡:ID卡(Identification Card,身份识别卡)与IC卡(Integrated Circuit Card,集成电路卡)。对于这两种卡,大多数门禁装置只读取其公共区的卡号数据,根本不具备卡数据的密钥认证、读写安全机制,因此,卡极容易被复制、盗刷,给出入居民带来了严重的安全隐患。同时,传统的基于RFID的门禁装置仅提供最基本的刷卡开门功能。因此,基于社区、出租屋实现创新管理,提高安全保障的需要,RFID门禁装置要求不仅可以实现刷卡开门及记录存储,还能在开门时进行图片或视频的抓拍,存储带抓拍图片或视频的开门记录,以增强安全管理。

在原有刷RFID卡开门功能的基础上,扩展实现了以下功能:①门禁装置的红外感应模块感应到有人靠近门禁时,即启动抓拍,抓拍可以是一张图片,也可以是一段视频;②门禁装置的读卡模块,在有人刷卡时,无论刷卡成功还是失败,都启动抓拍,抓拍可以是一张图片,也可以是一段视频;③门禁装置将红外感应抓拍的图片或视频以及刷卡时的刷卡记录与抓拍的图片或视频通过IP数据通信模块,上传至门禁管理平台,进行实时记录。

3. 安全性与可靠性。无线物联网门禁系统的安全与可靠主要体现在以下两个方面:无线数据通信的安全性保证和传输数据的稳定性保障。在无线数据通信的安全性保证方面,无线物联网门禁系统通过智能跳频技术确保信号能迅速避开干扰,同时通信过程中采用动态密钥和AES加密算法,哪怕是相同的一个指令,每一次传输的通信包都不一样,让监听者无法截取。在传输数据的稳定性保障方面,针对这一问题,无线物联网门禁专门设计了脱机工作模式,这是一种确保在无线受干扰失效或者中心系统宕机后也能正常开门的工作模式。以无线门锁为例,在无线通信失败时,它等同于一把不联网的智能锁,仍然可以正常开关门(和联网时的开门权限一致),用户感觉不到脱机和联机的区别,唯一的区别是脱机时刷卡数据不是即时传到中心,而是暂存在锁上,在通信恢复正常后再自动上传。无线物联网是一个超低功耗产品,这样会使电池的寿命更长。

无线物联网门禁系统的通信速度达到了2Mbit/s,越快的通信速度就意味着信号在空中传输的时间越短,消耗的电量也越少,同时无线物联网门禁系统采用的锁具只在执行开关门动作时才消耗电量。无线物联网门禁系统可以直接替换现有的有线联网或非联网门禁系统。对于办公楼宇系统,应用无线物联网门禁能显著降低施工工作量,降低使用成本;对于宾馆系统,能提升门禁的智能化水平。但任何新生事物出现在市场上都难免会有一些质疑声,如何打消用户对无线系统稳定性、可靠性、安全性的担忧是目前市场推广面临的最大难题。

第三节 EPCglobal 网络安全技术应用

一、EPCglobal 物联网的网络架构

(一)信息采集系统

信息采集系统由产品电子标签、读写器、驻留有信息采集软件的上位机组成,主要完成产品的识别和 EPC 的采集与处理。

(二)PML 信息服务器

PML(Physical Markup Language)信息服务器由产品生产商建立并维护,储存着该生产商生产的所有商品的文件信息,根据事先规定的原则对产品进行编码,并利用标准的 PML 对产品的名称、生产厂家、生产日期、重量、体积、性能等详细信息进行描述,从而生成 PML 文件。一个典型的 PML 服务器包括四个部分。

1.Web 服务器。它是 PML 信息服务中唯一直接与客户端交互的模块,位于整个 PML 信息服务的最前端,可以接收客户端的请求,并对其进行解析、验证,确认无误后发送给 SOAP 引擎,同时将结果返回给客户端。

2.SOAP 引擎。它是 PML 信息服务器上所有已部署服务的注册中心,可以对所有已部署的服务进行注册,为其提供相应组件的注册信息,将来自 Web 服务器的请求定位到相应的服务器处理程序中,并将处理结果返回给 Web 服务器。

3.服务器处理程序。它是客户端请求服务的实现程序,包括实时路径更新程序、路径查询程序和原始信息查询程序等。

4.数据存储单元。它用于 PML 信息服务器端数据的存储,主要用于客户端请求数据的存储,存储介质包括各种关系数据库或者一些中间文件,如

PML 文件。

（三）ONS

ONS 的作用是在各信息采集节点与 PML 信息服务器之间建立联系，实现从 EPC 到 PML 信息之间的映射。读写器识别 RFID 标签中的 EPC 编码，ONS 则为带有射频标签的物理对象定位网络服务。这些网络服务是一种基于 Internet 或者 VPN 专线的远程服务，可以提供和存储指定对象的相关信息。实体对象的网络服务通过该实体对象的 EPC 代码进行识别，ONS 帮助读写器或读写器信息处理软件定位这些服务。ONS 是一个分布式的系统架构，它的体系结构主要由四部分组成。第一，映射信息。映射信息以记录的形式表达了 EPC 编码和 PML 信息服务器之间的一种映射关系，它分布式地存储在不同层次的 ONS 服务器里。第二，ONS 服务器。如果某个请求要求查询一个 EPC 对应的 PML 信息服务器的 IP 地址，则 ONS 服务器可以对此做出响应。每一台 ONS 服务器拥有一些 EPC 的授权映射信息和 EPC 的缓冲存储映射信息。第三，ONS 解析器。ONS 解析器负责 ONS 查询前的编码和查询语句格式化工作，它将需要查询的 EPC 转换为 EPC 域前缀名，再将 EPC 域前缀名与 EPC 域后缀名组合成一个完整的 EPC 域名，最后由 ONS 解析器发出对这个完整的 EPC 域名进行 ONS 查询的请求，获得 PML 信息服务器的网络定位。第四，ONS 本地缓存。ONS 本地缓存可以将经常查询和最近查询的"查询—应答"值保存于内，作为 ONS 查询的第一入口点，这样可以减少对外查询的数量与 ONS 服务器的查询压力。

（四）Savant 系统

Savant 系统在物联网中处于读写器和企业应用程序之间，相当于物联网的神经系统。Savant 系统采用分布式结构和层次化组织管理数据流，具有数据搜集、过滤、整合与传递等功能。因此，它能将有用的信息传送到企业后端的应用系统或者其他 Savant 系统中。

二、EPCglobal 网络安全

（一）EPCglobal 网络的安全性分析

关于 EPCglobal 网络本身的安全性的研究目前还不多见，多数文献还是重点讨论在超高频第二代 RFID 标签上如何实现双向认证协议。

EPCglobal 网络的安全研究主要分为两大类:一类主要研究 RFID 的阅读器通信安全与 RFID 标签的安全;另一类主要研究 EPCglobal 的网络安全。相关文献研究认为,ONS 架构存在严重的安全缺陷。

在 RFID 的标签与阅读器研究方面,有学者设计出了一种 RFID 标签和读写器之间的双向认证协议,并且该协议可以在 EPCglobal 兼容的标签上使用。该协议可以提供前向安全,还提出了一种 P2P 发现服务的 EPC 数据访问方法,该方法比基于中央数据库的方法具有更好的可扩展性。

在 EPCglobal 的 1 类 2 代(Class-1 Generation-2)RFID 标签中,标签的标识是以明文的形式进行传输的,很容易被追踪和克隆。通过对称和非对称密码加密的方法在廉价标签中可能不太会应用。虽然一些针对第 2 代标签的轻量级的认证协议已经出现,但这些协议的消息流与第 2 代标签的消息流不同,因而现存的读写器可能不能读取新的标签。相关研究文献提出了一种新的认证协议,被称为 Gen2+,该协议依照第 2 代标签的消息流,提供了向后兼容性。该协议使用了共享的假名和循环冗余校验来获得读写器对标签的认证,并利用读存储命令来获得标签对读写器的认证。论证结果表明,Gen2+ 在跟踪和克隆攻击下更加安全。

EPCglobal 的 RFID 标签安全研究的相关文献对第 2 代标签的安全缺陷进行了分析,包括泄露、对完整性的破坏、拒绝服务攻击及克隆攻击等。广义上来说,泄露威胁指的是 RFID 标签信息保存在标签中和在传递给读写器的过程中被泄露。拒绝服务攻击就是当标签被访问时,被攻击者的读写器阻止了,即当一个读写器需要读标签信息时,被另一个攻击者的读写器阻止了这种访问。这种阻止可能是持续的,将会导致标签信息总是无法被读取。破坏完整性威胁是指非授权地对标签存储的信息或者传递给读写器的信息进行修改。克隆攻击就是指某个非法标签的敌对行为欺骗读写器,使读写器以为自己正在与某个设备进行正确的信息交换。在这种攻击中,仿真程序或硬件在一个克隆标签上运行,伪造了读写器期望的正常的操作流程。为了应对这些威胁,可采用的方法包括使用会话来避免泄露,引入高密度读写器条件来避免拒绝服务攻击,组合安全协议和空中接口、Ghost、Read 及 Cover coding 方法来克服破坏完整性攻击。对于克隆攻击还没有好的防御方法。

(二)EPCglobal 网络中的数据清洗

由于读写器异常或者标签之间的相互干扰,有时采集到的 EPC 数据可能是不完整的或错误的,甚至出现多读和漏读的情况。漏读是指当一个标签在一个阅读器阅读范围之内时,该阅读器没有读到该标签。多读是指当一个标签不在一个阅读器阅读范围之内时,该阅读器仍然读到该标签。如果将源数据直接投入到实际应用中,得到的结果一般都没有应用价值,所以在对 RFID 源数据进行处理前,需要对数据进行清洗。Savant 要对读写器读取到的 EPC 数据进行处理,消除冗余数据,过滤掉无用信息,以便把有用信息传送给应用程序或上级 Savant。

冗余数据的产生主要有以下两个原因:第一,在短期内同一台读写器对同一个数据进行重复上报,如在仓储管理中,对固定不动的货物重复上报,在进货、出货过程中,重复检测到相同的物品;第二,多台邻近的读写器对相同数据都进行上报。读写器存在一定的漏检率,这和读写器天线的摆放位置、物品离读写器的远近、物品的质地都有关系。通常为了保证读取率,会在同一个地方摆放多台相邻的读写器,这样多台读写器将监测到的物品上报时,就可能出现重复检测的情况。

在很多情况下,用户希望得到某些特定货物的信息、新出现的货物信息、消失的货物信息或只是某些地方的读写器读到的货物信息。用户在使用数据时,希望最小化冗余,尽量得到靠近需求的准确数据。解决冗余信息的办法是设置各种过滤器进行处理。可用的过滤器有很多种,典型的过滤器有四种:产品过滤器、时间过滤器、EPC 过滤器和平滑过滤器。产品过滤器只发送与某一产品或制造商相关的产品信息,也就是说,过滤器只发送某一范围或方式的 EPC 数据;时间过滤器可以根据时间记录来过滤事件,如一个时间过滤可能只发送最近 10 分钟之内的事件;EPC 过滤器可以过滤符合某个规则的 EPC 数据;平滑过滤器可处理出错的情况,包括漏读和错读。

对于漏读的情况,需要通过标识之间的关联度(如同时被读到)找回漏掉的标识。基于监控对象动态聚簇概念的 RFID 数据清洗策略,通过有效的聚簇建模和高效的关联度维护来估算真实的小组,这里所谓的"小组"就是常常会同时读取的具有某种关联度的标签,然后在估算真实的小组基础上进行有效的清洗。由于引入了新的维度,在有小组参与的情况下,无论数据量的大小还是小组变化的程度,与考虑时间维度的相关工作相比,该模型都可以有效地利用小组间成员的关系提高清洗的准确性。

参考文献

[1]陈亚娟,胡竞,周福亮,等.人工智能技术与应用[M].北京:北京理工大学出版社,2021.

[2]黄姝娟,刘萍萍.物联网系统设计与应用[M].北京:中国铁道出版社,2022.

[3]李昌春,张薇薇.物联网概论[M].重庆:重庆大学出版社,2020.

[4]李德毅,于剑.人工智能导论[M].北京:中国科学技术出版社,2018.

[5]廉师友.人工智能技术导论[M].西安:西安电子科技大学出版社,2018.

[6]刘杰.计算机技术与物联网研究[M].长春:吉林科学技术出版社,2021.

[7]刘经纬,朱敏玲,杨蕾."互联网+"人工智能技术实现[M].北京:首都经济贸易大学出版社,2019.

[8]刘杨,彭木根.物联网安全[M].北京:北京邮电大学出版社,2022.

[9]卢向群,潘淑文,常晓鹏.物联网技术与应用实践[M].北京:北京邮电大学出版社,2021.

[10]姚金玲,阎红.人工智能技术基础[M].重庆:重庆大学出版社,2021.

[11]张传武.物联网技术[M].成都:电子科学技术大学出版社,2021.

[12]钟跃崎.人工智能技术原理与应用[M].上海:东华大学出版社,2020.